SPSSによる
データ分析

寺島拓幸, 廣瀬毅士 著

東京図書

本書では IBM SPSS Statistics 22，および 23 で動作確認しています．
SPSS 製品に関する問合せ先：
〒103-8510　東京都中央区日本橋箱崎町 19-21
日本アイ・ビー・エム株式会社　ソフトウェア事業ビジネス・アナリティクス事業部
Tel. 03-5643-5500　Fax. 03-3662-7461　URL　http://www.ibm.com/spss/jp/

|R|〈日本複製権センター委託出版物〉
本書を無断で複写複製（コピー）することは，著作権法上の例外を除き，禁じられています．本書をコピーされる場合は，事前に日本複製権センター（電話：03-3401-2382）の許諾を受けてください．

はじめに

本書のコンセプト

　本書は統計解析ソフト IBM SPSS Statistics を用いてデータ分析をするためのテキストです。「データ分析をレポート・論文作成や業務などに使わなければならないけれど，あまり詳しくない」という人文・社会科学系の学生，研究者やビジネスパーソンを読者として想定しています。
　本書は以下の点を重視して書かれています。

① 1冊でひと通り

　本書だけで基本的なデータ分析をひと通りこなせるように，t 検定，分散分析，相関分析，回帰分析，因子分析など利用頻度の高い手法を網羅しました。

②前提条件―手順―読みとり

　ソフトウェアを用いたデータ分析の文献は操作方法に偏ったものが多く，それを読んだ読者は見よう見まねで結果を出力することはできるのですが，その前提条件がわからず不適切な分析をしてしまったり，結果の読みとりが十分にできなかったりということが多くみられます。本書ではこれを避けるために，前提条件―手順―読みとりを明記し，考え方と操作方法のバランスをとるよう心がけました。

③示し方

　ある程度データ分析をしている人にとって悩みの種は，ソフトウェアが出力する分析結果のどの部分をどのように提示するかということです。本書では各章に「レポート・論文での示し方」という項目を設け，示すべき情報と提示例をまとめました。

提示方法は応用分野によって流儀がさまざまですが，本書では人文・社会科学領域で広く準拠されているAPAスタイル（American Psychological Association 2009; Morgan, Reichert and Harrison 2002）をもとにしました。したがって，検定結果を提示するときに "$p<.05$" や "ns" としないで正確に "$p<.038$" や "$p=.117$" と有意確率を表記したり，効果量や信頼区間を併記したりする最近の傾向が反映されています。読者の分野と異なる場合は適宜アレンジしていただければと思います。

④各章の定型化

読者が理解しやすいように，また，必要なときに必要なだけ参照しやすいように，各章は基本的に「目的」「考え方」「補足」「前提条件」「SPSSの手順」「レポート・論文での示し方」「まとめ」「練習問題」という構成に定型化しました。

⑤平易な内容

本文はできるだけ簡潔に書き，補足的・蛇足的な情報は側注に書きました。また，正確性を多少犠牲にしても数式やシンタックスは最小限にとどめ，図解やグラフで考え方を理解できるように心がけました。なお，読者が発展的に独習できるよう，原則として人物名は原綴りで表記しました。ただし初学者を考慮し，一部を除いて初出時には一般的なカタカナの読みを注釈に添えています。

サンプルデータ

各章の多くの分析ではサンプルデータ「年収調査.sav」を使っています。サンプルデータは架空のある大企業を対象として男女40名ずつ計80名の社員を無作為抽出し，一定期間をおいて3回の年収調査を実施したという想定のもとつくられています。年収以外の項目は初回調査時の情報です。

東京図書ホームページから下記のファイルをダウンロードして利用し

てください。
DL02214.zip

SPSS のバージョンとオプション

　本書は IBM SPSS Statistics 22，および 23 をもとに書かれています。取り上げた分析手法のほとんどは Base で実行可能ですが，「10. 多元配置分散分析」「11. 反復測定分散分析」「16. 一般線形モデル」のみ IBM SPSS Advanced Statistics が必要です。

2015 年 5 月

寺島拓幸・廣瀬毅士

目　次

はじめに

第1章　データについての基礎知識　形式と尺度水準 …………………………… 1

1-1　データ形式　1

1-2　尺度水準　3

まとめ，練習問題　5

第2章　SPSSについて　基本操作と設定方法 …………………………………… 7

2-1　SPSSの起動とウィンドウ　7

2-2　データファイルのハンドリング―読み込みと保存　12

2-3　SPSSデータファイルの表示と基本的な処理　15

2-4　データファイルの高度な操作　21

2-5　SPSSと他のソフトウェアの連携　24

まとめ，練習問題　26

第3章　単純集計，クロス集計　質的変数の特徴を捉える ……………………… 27

3-1　単純集計　27

3-2　クロス集計　31

3-3　多重回答　40

3-4　単純集計とクロス集計の応用　44

まとめ，練習問題　45

第4章　記述統計量　変数の特徴を捉える　47

4-1　記述統計量：ひとつの変数の特徴を記述する　47

4-2　代表値：データの中心　47

4-3　散布度：データの散らばり具合　50

4-4　その他の記述統計量　55

4-5　グラフでデータの特徴を捉える　56

4-6　非正規分布やはずれ値の処理　58

4-7　SPSSの手順①　58

4-8　レポート・論文での示し方　62

4-9　標準化　63

4-10　SPSSの手順②　64

まとめ，練習問題　66

第5章　変数の加工　効果的な分析をするために　67

5-1　考え方　67

5-2　SPSSによる変数の加工　70

まとめ，練習問題　79

第6章 統計的推測　集めたデータの特徴を一般化する ... 81

- 6-1 目的　81
- 6-2 考え方　82
- 6-3 統計的推定　88
- 6-4 統計的検定　90
- 6-5 補足　94
- 6-6 SPSS の手順　96
- 6-7 レポート・論文での示し方　98
- まとめ，練習問題　99

第7章 独立性の検定　2つの質的変数の関連を検定する ... 101

- 7-1 目的　101
- 7-2 関連係数　107
- 7-3 SPSS による手順　111
- 7-4 レポート・論文での示し方　116
- まとめ，練習問題　118

第8章 t 検定　2つの量的変数の平均値を検定する ... 119

- 8-1 目的　119
- 8-2 考え方　120
- 8-3 前提条件　123
- 8-4 SPSS の手順　124

8-5　レポート・論文での示し方　127

まとめ，練習問題　129

第9章　分散分析，多重比較　複数の平均値差を検定する　131

9-1　目的：複数グループ間の平均値に差はあるか？　131

9-2　考え方　132

9-3　多重比較——事後の検定　137

9-4　補足：効果量　139

9-5　前提条件　139

9-6　SPSSの手順　140

9-7　レポート・論文での示し方　144

まとめ，練習問題　146

第10章　多元配置分散分析　複数の要因による平均値差を検定する　147

10-1　目的：複数要因によってつくられるグループの効果　147

10-2　考え方　148

10-3　補足　151

10-4　前提条件　153

10-5　SPSSの手順　153

10-6　レポート・論文での示し方　160

まとめ，練習問題　162

第11章　反復測定分散分析　同じ対象から測定した平均値差を検定する　163

11-1　目的：各測定の平均値に差はあるか？　163

11-2　考え方　163

11-3　前提条件　166

11-4　SPSSの手順　167

11-5　レポート・論文での示し方　173

まとめ，練習問題　174

第12章　相関係数　2つの変数の関連度を捉える　175

12-1　目的：散布図の状態を数字で表す　175

12-2　考え方　176

12-3　補足　179

12-4　前提条件　182

12-5　その他の相関係数　182

12-6　SPSSの手順　183

12-7　レポート・論文での示し方　188

まとめ，練習問題　189

第13章　回帰分析　1つの量的変数を予測・説明する　191

13-1　目的：散布図に直線を引く　191

13-2　考え方　192

13-3　補足　198

13-4　前提条件　199

13-5　SPSS の手順　199

13-6　レポート・論文での示し方　203

まとめ，練習問題　204

第14章　重回帰分析　1つの量的変数を複数の変数で予測・説明する　205

14-1　目的：変数のコントロール　205

14-2　考え方　206

14-3　前提条件　208

14-4　SPSS の手順①　209

14-5　補足　212

14-6　SPSS の手順②　216

14-7　レポート・論文での示し方　218

まとめ，練習問題　220

第15章　回帰診断　回帰分析の前提条件をチェックする　221

15-1　目的：回帰分析の前提条件をチェックする　221

15-2　線形性　221

15-3　正規性と分散均一性　224

15-4　多重共線性　228

15-5　SPSS の手順　230

まとめ，練習問題　235

第16章　一般線形モデル　t 検定，分散分析，回帰分析を統合する　237

16-1　目的：各分析手法を直線モデルとして捉える　237

16-2　考え方　238

16-3　SPSSの手順　240

16-4　前提条件　244

16-5　レポート・論文での示し方　244

まとめ，練習問題　245

第17章　主成分分析と因子分析　多くの量的変数を少数にまとめる　247

17-1　主成分分析と因子分析　247

17-2　主成分分析　248

17-3　因子分析　251

17-4　主成分分析と因子分析の流れ　253

17-5　SPSSでの手順　256

17-6　結果のまとめ方　264

17-7　レポート・論文の本文中で言及すること　268

17-8　他の分析手法との連携　269

まとめ，練習問題　270

引用文献　271

索引　272

1章 データについての基礎知識
形式と尺度水準

1-1 データ形式

1-1-1 質問紙例

Q1 性別	1 男性　2 女性
Q2 年齢	（　）歳
Q3 授業満足度	1 満足　2 やや満足　3 ふつう　4 やや不満　5 不満
Q4 希望進路（複数回答可）	a 企業　b 公務員　c その他

1-1-2 ケース・変数・値

ケース：個々の調査対象や被験者のことです。必ずしも個人ではないためこのようないい方がされます。

> 例　個人，世帯，学校，企業，都道府県。

各ケースは連番で示され，一般形としては i という記号で使われることが多いです。まとめて $i = 1, 2, \cdots, N$ などと表記されます。最後のケース番号 N はケース数という意味でも使われます。

変数：ケースによってさまざまな値をとる測定項目のことです。質問紙でいえば個々の質問項目です。反対に，1つに定まる項目を**定数**といいます。

> 例　質問紙例でいえば，性別，年齢，授業満足度，希望進路。

変数は慣例的に x や y といった記号で表されますが，定数も具体的な

▶母平均 μ や母分散 σ^2 などが代表例です（6章参照）。

数値がわかっていないときは記号で表記されます▶。

値：変数がとる具体的な数値やカテゴリのことです。質問紙でいえば個々の回答です。実際に測定された**観測値**と，理論的にとると考えられる**期待値**があります。

|例| 質問紙例でいえば，女性，20歳，満足，企業など。

個々の値は x_i や y_i など変数記号にケース番号 $i = 1, 2, \cdots, N$ を添字として表記することが多いです。

1-1-3 ローデータ

▶ローデータ（raw data）なので生データや素データとも訳されます。

調査や実験で得られた集計前のデータを**ローデータ**▶といいます。ローデータは行列形式で作成され，行はケース，列は変数を表し，各セルには行と列に対応する値が入力されます（表1.1）。

|例| ケース「1」の変数「性別」は値「女性」。

表 1.1 質問紙例への回答をローデータにした場合

ケース	Q1 性別	Q2 年齢	Q3 授業満足度	Q4 希望進路
1	女性	19	やや満足	企業，公務員
2	女性	20	満足	企業
3	男性	18	やや不満	公務員，その他
:	:	:	:	:

1-1-4 コード

▶ただしコードと値の正確な対応関係は別途コードブックを作成して管理するのが一般的です。

一般にローデータの値は，統計処理をしやすいように数値化されています。「男性／女性」のようなカテゴリであっても便宜的に番号が振られます。この数値や番号を**コード**といい，コードを振ることを**コーディング**といいます。質問紙の場合，コードはたいてい選択肢番号として記載されています▶。ただし複数回答可の質問は，1選択肢につき1列を設け，

選択＝1，非選択＝0とすることが多いです▶。

> 例　ケース「1」の変数「Q4」は列を3つ設けて値「1」「1」「0」とします。

▶0/1にコーディングされた変数を**ダミー変数**といいます（14章参照）。

表1.2　質問紙例への回答をコード化した場合

ID	Q1	Q2	Q3	Q4a	Q4b	Q4c
1	2	19	2	1	1	0
2	2	20	1	0	1	0
3	1	18	3	0	1	1
：	：	：	：	：	：	：

1-2　尺度水準

1-2-1　データの情報量

対象を測る「ものさし」によって変数の情報量は変わってきます。その「ものさし」のことを**尺度**と呼び，通常は以下のように2つ（質的／量的変数）ないし4つ（名義／順序／間隔／比率尺度）の水準を区別します（表1.3）▶。表1.3の下の尺度ほど情報量が多くなります。

▶詳しくは廣瀬・寺島（2010）などを参照してください。

表1.3　尺度水準とその特徴

尺度水準		説明	例	情報量
質的変数	名義尺度	とりうる値がカテゴリの区別以上の意味をもたない。	名前，性別，血液型，職業	少ない
	順序尺度	名義尺度に加えて，大小関係や順位を表現できる。	成績の順位，授業満足度（満足・やや満足・やや不満・不満）	↑
量的変数	間隔尺度	順序尺度に加えて，各値の差あるいは間隔を表現できる。	生年，温度，偏差値　得点化した順序尺度データ	↓
	比率尺度	間隔尺度に加えて，基準点0に実質的な意味があり，各値の比を表現できる。	身長，年収，友人の数	多い

> [問] 年収を「（　　）万円」という記入式で測定した場合と「〇〇万円以上××万円未満」という選択肢式で測定した場合では尺度水準は異なるでしょうか。

変数の情報量が異なれば可能な計算（表 1.4）や分析手法が変わってくるため，データ分析をする際にはつねに変数の尺度がどのような水準かを念頭に置いておく必要があります。

表 1.4　各尺度の情報量と可能な計算

	同一性 （＝≠）	順序性 （＞＜）	加法性 （＋－）	等比性 （×÷）
名義尺度	○			
順序尺度	○	○		
間隔尺度	○	○	○	
比率尺度	○	○	○	○

1-2-2　実際のデータ分析における尺度の扱い

情報量の多い量的変数のほうが統計分析には向いているのですが，調査や実験で実際に得られるデータは質的変数が多くなります。そこで，実際の分析では便宜的に各尺度を次のように扱うことが多いです。

- 間隔尺度と比率尺度で測定されたデータの違いを考えず，ひとくくりに量的変数として扱います▶。
- 順序尺度で測定された変数の各値に適当な得点を割り当て，量的変数として扱うことがあります。

▶SPSSも2つの尺度を区別せず「スケール」という分類に一括します。

> [例] 満足＝5点，やや満足＝4点，ふつう＝3点，やや不満＝2点，不満＝1点として満足度得点として扱います。

まとめ

- 個々の調査対象を ① ，さまざまな値をとる項目を ② という。
- ① を行，② を列とする行列形式にまとめられた集計前のデータを ③ という。
- ソフトウェアで処理しやすいよう ② のとる個々の値に割り振られた数や記号を ④ という。質問紙の複数回答項目は 0/1 の ④ を振ることが多い。
- 名義尺度や順序尺度で測定されたデータを ⑤ ，間隔尺度や比率尺度で測定されたデータを ⑥ という。

練習問題 (データ 年収調査.sav)

サンプルデータ「年収調査.sav」の各調査項目はどの尺度水準でしょうか。

2章　SPSS について
基本操作と設定方法

2-1　SPSS の起動とウィンドウ

2-1-1　SPSS について

　SPSS は，統計分析パッケージと呼ばれるカテゴリの中でもポピュラーなソフトウェアです。最大の特徴としてはユーザーが手軽にデータ分析を行えるよう，分析手法に対応したメニューが用意されているという点が挙げられます。ユーザーが統計分析の計算過程を意識しなくても，分析に用いる変数や計算・出力方法の指定だけでデータ分析結果の出力が得られるようになっています。

　しかし手軽に分析できるとは言っても，ユーザーが分析に至るまでのデータの基礎的な処理をきちんと行っていなければ適切な分析になりません。本章では，データファイルの操作にはじまってデータファイルに含まれる変数の基礎的な処理について解説します。

2-1-2　SPSS の起動

① Windows7 まで　スタートメニューから［IBM SPSS Statistics］―［IBM SPSS Statistics XX］（XX はバージョン番号）を選択すると SPSS が起動▶します。

② Windows8　スタート画面の左下隅のあたりにある下矢印ボタン ⓘ をクリックして［アプリ］ビューを表示し，［IBM SPSS Statistics］グループの中にある［IBM SPSS Statistics XX］（XX はバージョン番号）をクリックして起動します。

　SPSS が起動すると［無題1［データセット］］というタイトルのウィンドウと，［IBM SPSS Statistics XX］と書かれたウィンドウ（中に書

▶スタートメニュー以下の場所は Windows OS のバージョンを含む PC の環境・SPSS のバージョンによって異なる場合があります。特に，大学の PC 教室などにインストールされている場合は注意しましょう。

かれていることはバージョンによって異なる）が重なって開きます。いまはとりあえず上にある［IBM SPSS Statistics XX］ウィンドウの キャンセル ボタンをクリックして閉じておきます。

図 2.1　SPSS 起動直後のウィンドウ

2-1-3　SPSS のウィンドウの説明

いま［データエディタ］だけが開かれていますが，SPSS の利用においてよく使われる他のウィンドウ［ビューア］と［シンタックスエディタ］を開いてみましょう。

① データエディタのメニューで［ファイル］―［新規作成］―［シンタックス］とし，データエディタを開く。
② データエディタのメニューで［ファイル］―［新規作成］―［出力］とし，ビューアを開く。

これで 3 種類のウィンドウが開きました。これらは，それぞれ異なった機能や特徴を持ったインターフェースとなっています。

- **データエディタ**　名前の通り，データの編集と加工ができます。Excel に似た外観でデータ構造や変数の値が直感的に見えるようになっており，SPSS 利用の基点となるウィンドウです。入力・編集した内容を SPSS データファイル（拡張子 .sav）として保存できますが，SPSS データファイルはメモ帳などのテキストエディタで中身を読むことはできません。

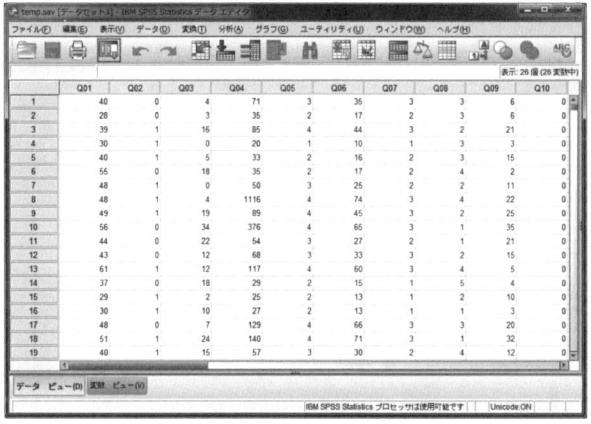

図 2.2　データエディタ

- ビューア　結果出力のビューア，つまりデータの読み込みや加工に関する処理結果やデータ分析の計算結果が表示されます。左側のペインには出力内容の見出しがツリー状に表示され，右側ペインには統計量や図表など個々の出力結果，およびエラーメッセージなどが表示されます。このウィンドウの内容は［ビューアファイル］（拡張子 .spv）として保存できます▶。

▶図表などのイメージも保持しているファイルなので，メモ帳などのテキストエディタでは開けません。

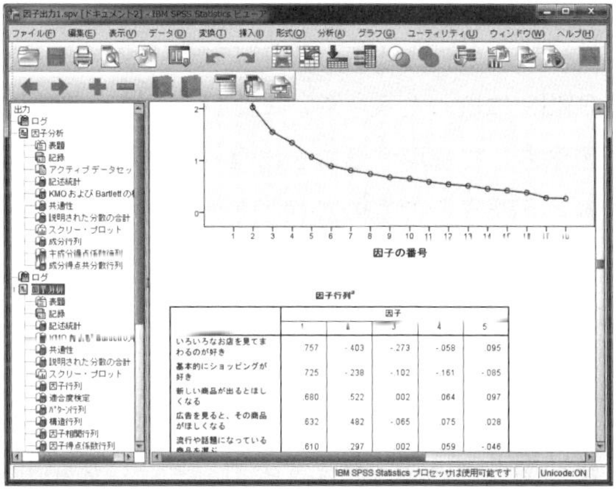

図 2.3　ビューア

- **シンタックスエディタ** SPSSにおけるプログラム文である「コマンドシンタックス」を書くエディタです。決められた記法に従ってシンタックスを書いて実行するとデータの処理・加工やデータ分析が可能になります。強力かつ柔軟な処理ができるのですが，本書ではほとんど扱いません。

図2.4　シンタックスエディタ

SPSSを起動したときに自動的に開くウィンドウは［データエディタ］だけですが，SPSSによって何らかのデータの加工や分析を行ったときに自動的に［ビューア］が開きます。これに対し「シンタックスエディタ」は，ある程度SPSSに慣れた人・使いこなしたい人が用いるものなので，明示的に開く動作をして使用することになります▶。また，データエディタを全部閉じるとSPSSそのものが終了します。

▶あるいは，メニューから開いたデータ加工や分析のダイアログボックスで「貼り付け」を選ぶとシンタックスウィンドウにデータ加工や分析に相当するシンタックス文が貼り付けられます。

2-1-4　ウィンドウの切り替え

ビューアウィンドウが1つだけ開かれているときは，複数の集計や分析を実行しても同一ウィンドウに出力結果がどんどん追記されていきます。左ペインに見出しが追加されますので，どこに何が出力されているのかわからなくなることはありません。

ただ，分析作業を進める上では試行錯誤しながら何パターンもの分析を行うことがあり，分析内容によって結果が出力されたビューアファイルを分けて保存したいときがあります。そのようなときはビューアウィンドウを複数開いて出力先を切り替えることによって，分析結果を出力するビューアを分けることができます。

出力先となるビューアウィンドウの切り替えは，ビューアウィンドウの標準ツールバーの一番右端にある［ウィンドウの切り替え］アイコンをクリックします▶。

▶［ウィンドウの切り替え］ボタンが灰色になっているならば，すでに出力先に指定されているか，あるいはビューアウィンドウが1つしか開かれていなくて指定する必要がない場合です。

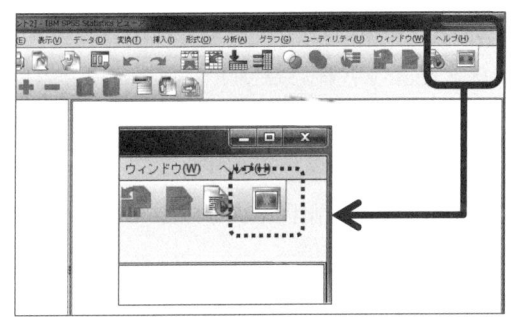

図 2.5　ウィンドウの切り替えボタン

2-1-5　SPSS のメニュー

SPSS ウィンドウの［ファイル］［編集］［表示］［ウィンドウ］［ヘルプ］は他の Windows ソフトウェアと同様，データや出力結果などのファイル入出力機能や編集・表示機能，ウィンドウの切り替えやヘルプの表示が中心にまとめられています。

その他にあるメニューは，本章や後の章で扱う変数加工やデータ分析に用いる SPSS ならではのメニューです。［データ］メニューは開いているデータファイルに対する操作を提供し，データの結合や分割，ケースの選択など，いくつかの機能を本章で扱っています。［変換］メニューは変数の加工に関わる機能があり，いくつかの操作を 5 章で扱っています。［分析］メニュー以下には 3 章以降で扱うデータ分析のサブメニューがたくさ

んあり，本書を読む上では最もよく使うメニューになるでしょう。

なお，［グラフ］はデータ分析とは独立してグラフ作成機能を，［ユーティリティ］はSPSS全体の扱いに関する便利な機能を提供しますが，これらは本書では扱いません。

2-2 データファイルのハンドリング—読み込みと保存

2-2-1 データファイルの利用方法

データファイルの利用には，主に以下の4つがあります。
(1) 既存のSPSSデータファイルを開く方法。
(2) Microsoft Excelなど他のソフトウェアで保存されたデータファイルを開く方法。
(3) テキストファイルを読み込む方法。
(4) データ値をSPSS操作画面でタイプして直接入力し，データファイルを作る方法。

このうち(1)が最も簡単です。SPSSがインストールされているPCで拡張子とプログラムの関連付けがなされていれば，SPSSデータファイル▶（拡張子 .sav）をWindowsエクスプローラなどでダブルクリックすればSPSSが起動し，さらにそのデータファイルが読み込まれます。もちろんSPSSを起動した後にメニューからSPSSデータファイルを読み込むことができます。

次に(2)も比較的簡便です。いくつかの表計算ソフトウェア，データベースソフトウェア，他の統計分析ソフトウェアのファイル形式に対応していますが，Excel形式のデータ（拡張子 xls, xlsxなど）を配布されて読み込むことが多いのではないでしょうか。

(3)はカンマやタブでデータ値が区切られたテキストファイル（.csvなど）を読み込むことが多いでしょう。

また，(4)のようにSPSSを開いてから操作画面でデータファイルを直接タイプして入力する方法もあります。比較的少数を対象とした調査・

▶ただし，SPSSのバージョンに依存する場合があります。SPSSポータブルファイル（拡張子 .por）はバージョンに依存せずファイルの受け渡しができますが，変数名が8文字までといった制約があります。

実験データで，測定されたデータ値が紙で配布された場合がこれにあたります[▶]。

(2)～(4)の場合においても，データファイルをSPSSで読み込んで分析可能になった後にSPSS形式（拡張子.sav）でデータファイルを保存することで，その後は(1)のようにすることができるのでおすすめです。では，以下でそれぞれの方法を説明しましょう。

▶クロス集計表や相関行列のように，集計データを用いて再分析する場合もこれにあたります。

2-2-2 SPSSデータの読み込み

データエディタなどのSPSSウィンドウから実行します。

① ［ファイル］—［開く］—［データ］を選ぶと［データを開く］と書かれたダイアログボックスが開く。［ファイルの種類］にデフォルトでSPSSデータファイル（［SPSS Statistics (*.sav)］）が指定されていることを確認。

② 上の［ファイルの場所］から開きたいデータファイルのあるパス（ドライブとフォルダ）をたどってファイルを選択。［開く］ボタンをクリックするとデータファイルが開く。

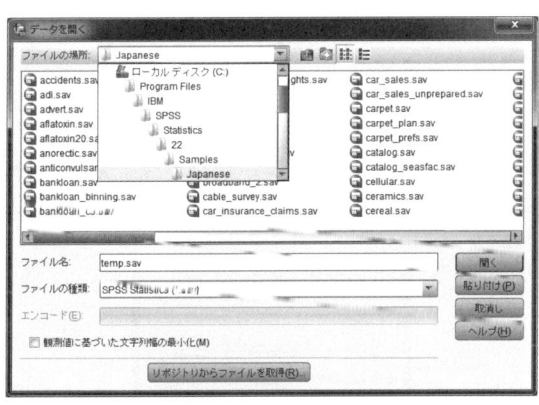

2-2-3 他のソフトウェア形式のデータファイルの読み込み

① SPSSデータファイルを開く場合と同様にメニューから［ファイ

ル］—［開く］—［データ］

② ［データを開く］ダイアログボックスで［ファイルの種類］のプルダウンメニューから読み込みたいファイル形式を選ぶ。Excel形式の場合は［Excel (*.xls, *.xlsx, *.xlsm)］。

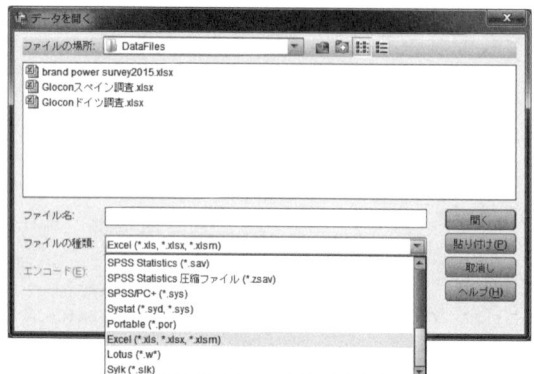

③ ［ファイルの場所］から読み込むデータファイルのあるパスをたどって目的のファイルを選び，［開く］ボタンをクリックします。

④ Excel形式のファイルを開く場合は［Excelデータソースを開く］ダイアログボックスが開きます。このときデータファイルの先頭行に変数名が書かれている場合は［データの先頭行から変数名を読み込む］にチェック。［ワークシート］のプルダウンメニューから，データの入っているシートを選びます。Excelデータの一部の範囲のみを読み込む場合は［範囲］の欄にセル範囲を指定します。

⑤ OKボタンをクリックするとここまでの指定通りにExcelデータ

ファイルを SPSS に読み込むことができます[▶]。

2-2-4 データエディタで直接入力する

① 既に何らかのデータファイルが開かれている場合[▶]は［ファイル］―［新規作成］―［データ］で新しい［データエディタ］ウィンドウを開く。
② 行列を意識しながらデータを直接入力。このとき 1 行目に変数名を打ち込んではいけない（理由は 2-3-2 項参照）。

▶ SPSS に読み込まれたデータが何か変なときは，Excel で元のデータファイルを確認してみましょう。たいていの場合，データ行列以外にテキストメモが書かれていたりして，SPSS が読み込むべきデータ型を混乱しています。
▶ SPSS のウィンドウのタイトルバーで確認しましょう。

2-2-5 データの保存

ここまで説明した方法で Excel 形式などのデータファイルを SPSS で読み込むことが可能ですが，毎回実施するのは面倒です。やはり SPSS データファイルとして保存するのが効率的です。

① ［ファイル］―［上書き保存］，あるいは［ファイル］―［名前を付けて保存］で SPSS データファイルとして保存する。
② ［次のタイプで保存します:］が［SPSS (*.sav)］となっていることを確認し，～.sav の形式でファイル名をつける。

2-3　SPSS データファイルの表示と基本的な処理

2-3-1　データファイルの表示（ データ 年収調査.sav）

実際のデータファイルをデータエディタで開いて見てみましょう。

データエディタには，2つのビュー（表示画面）があり，データエディタの左下にあるタブで切り替えることができます。

データビューはExcelのような見た目で，ケースと変数からなる格子状のセルでデータが表形式にまとめられています。各セルをクリックすればデータの値を入力・編集することができます。データを表示するときには，一般にこのビューを開きます。SPSSでは各々の行をケース，列を変数と呼んでいます。今回のサンプルデータは社会調査から得たローデータなので，各ケースが調査の回答者に対応し，各変数が設問回答の入力値に対応しています。

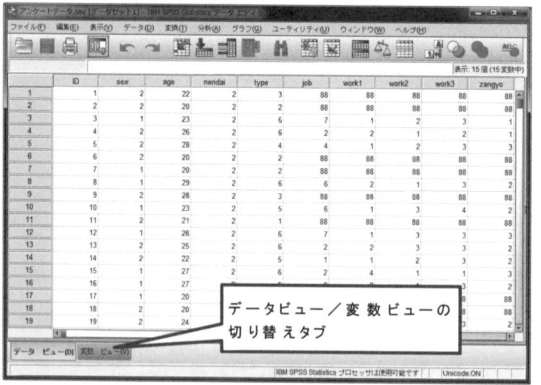

図2.6　データエディタ：データビュー

もう1つの**変数ビュー**は，各変数の属性情報を一覧表示するためのもので，データビューとは違って各々の行が変数に対応しています。各々の変数についてその［名前］や［型］などが表示されています。ここでも表示だけではなく値の編集ができます。

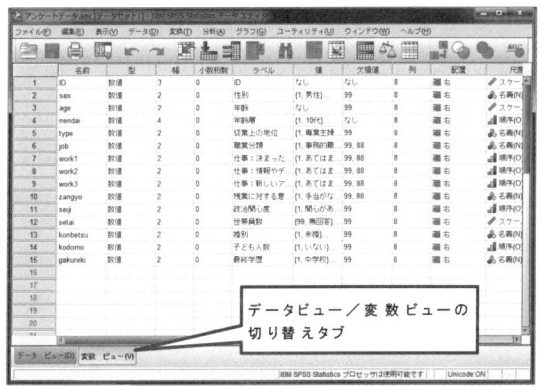

図 2.7　データエディタ：変数ビュー

2-3-2　変数属性の設定

データエディタの変数ビューでは，変数の属性についてのさまざまな設定を行うことができます。

- **名前**　変数名です。データ範囲とは別のビューに書くのがExcelでデータを扱う場合と決定的に異なるところです▶。文字数は64バイトまでOKで，全角文字などの2バイト文字も使えますが，8文字までの英数字など短い変数名をつけることをすすめます▶。大文字・小文字は分析時の変数指定では区別しません▶。
- **型**　数値型や文字列型など，変数のデータ型を設定します。
- **幅**　型で数値型などを選んだ際に，データとして入力可能な整数部分・小数点・小数部分の合計桁数を設定します。8や10など余裕をもたせておきます。下の「列」も参照。
- **小数桁数**　小数点以下の表示桁数です。デフォルトが2なので，新しい変数を作って3と打ち込むと3.00と表示されます。
- **ラベル**　変数につけるラベルです。2-3-3項を参照。
- **値**　変数の個々の値につけるラベルです。2-3-3項を参照。
- **欠損値**　無回答など欠損データに割り当てたコードを指定し，分析から除外されるようにします。2-3-4項を参照。

▶2-2-4項でデータ入力をするときに「変数名を打ち込んではいけない」と書いたのはこの理由です。

▶文字コードの扱いが異なる古いバージョンのSPSSで読み込む場合や，変数名が8バイトまでという制限のあるSPSSポータブルファイル（.por）にエクスポートする場合を想定しています。

▶ただし，表示目的で保持されます。

- **列** 「幅」と違って，データビューでの表示桁数です。
- **配置** データビューでの値の表示について，右寄せ・左寄せ・中央の位置合わせを設定します。
- **尺度** 1章で述べたデータの尺度を変数ごとに指定します。ここでは間隔尺度と比率尺度を合わせて「スケール」と表現しています。

2-3-3 変数ラベルと値ラベル

> 例 データファイルでは2つめの変数名が「q1」と設定されており，個々の値も「1」「2」と入力されています。この変数について度数分布表（3章）を作成すると次の出力となります。
>
> q1
>
> | | | 度数 | パーセント | 有効パーセント | 累積パーセント |
> |---|---|---|---|---|---|
> | 有効数 | 1 | 190 | 47.5 | 47.5 | 47.5 |
> | | 2 | 210 | 52.5 | 52.5 | 100.0 |
> | | 合計 | 400 | 100.0 | 100.0 | |

しかしこの表だけでは「q1」が何の変数なのか，またこの変数の値（1, 2）がどのようなカテゴリなのかわからず，集計の結果が把握できません。そこで変数の意味を表示する**変数ラベル**や値の意味を表示する**値ラベル**を設定して集計・分析結果の読み取りをわかりやすくします▶。

① データファイルを読み込み，データエディタ［変数ビュー］に切り替えます▶。
② 変数ラベルを設定したい変数の［ラベル］をクリックし，変数の意味を端的に表現する単語やフレーズを入力します。

▶これらの値ラベルをつけても元の変数名や値にはなんら変更を及ぼさないので心配ありません。

▶変数が多いと変数ビューからの直接入力では手間がかかりますので，シンタックス（本書では扱いません）を用いたラベル設定がより効率的です。

2-3 SPSS データファイルの表示と基本的な処理

③ 値ラベルを設定したい変数の［値］列にあるセルをクリックすると右端に現れる … ボタンをクリック。変数のとる値と，それに対応するラベルを入力して 追加 ，最後に OK をクリックします▶。

▶自分が扱っている変数がどのような意味を持ち，変数にどのような値が存在するかは，データファイルの配布元や調査・実験の実施キ体の作った**コードブック**（変数名と入力コードの対応が載った説明書）を参照して下さい。

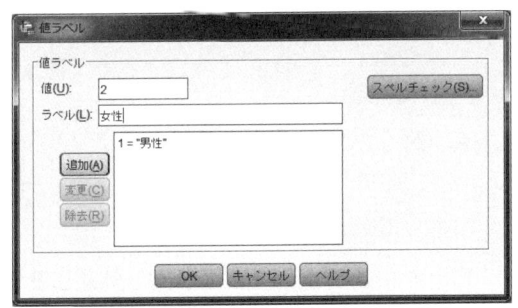

2-3-4 欠損値の指定のしかた

調査や実験によってデータを収集する際に，データが得られずに**欠損データ**となるような状況があります▶。

このような欠損データをデータファイル内で空白（ブランク）にせず，9や8（99や88の場合もある）といった特定の欠損値を決めて入力することがあります▶。しかし欠損値は変数の値としては有効ではありませんので，本来の有効な値と区別せずに分析すると結果に悪影響を及ぼします。

例 5人の被験者に勤続年数を質問した結果をデータファイルで確認したところ{20, 6, 13, 9, 99}と入力されており，最後の99は

▶たとえば調査の場合，
- **無回答** 質問にあえて答えない（No Answer），または適切な回答が判断できなかった（Don't Know）場合。
- **非該当** でもそもその質問に対して回答する対象でなく，回答する資格がない場合。

▶欠損値が存在するのか，どのような値が入力されているかはコードブックを参照しましょう。

無回答の欠損値ということである。有効回答をした 4 名のみで平均勤続年数を計算すると $(20 + 6 + 13 + 9) / 4 = 12$ 年だが，欠損値を入力した 5 人目を含めて計算してしまうと平均勤続年数は $(20 + 6 + 13 + 9 + 99) / 5 = 29.4$ となってしまう。

▶SPSS では，**ユーザー指定の欠損値**といいます。これに対して，データに値が入力されておらずブランクとなっているのを**システム欠損値**といいます。

したがってこれらを集計・分析から除外する**欠損値指定**を行います▶。

① SPSS データエディタの変数ビューで，欠損値指定したい変数の［欠損値］列にあるセルをクリックすると右端に現れる … ボタンをクリック。

② ［欠損値］ダイアログボックスで欠損値を指定します。
- 個別の値を指定する場合　9 や 8，あるいは 99 や 88 など欠損値のコードとして指定された値を入力▶し，OK をクリック。
- 96 ～ 99 の範囲が欠損値といった場合には［範囲に個別の値をプラス］の［始］に 96，［終］に 99 を入力して OK

▶変数が文字列型の場合，「NA」や「無回答」といった文字列も指定できます（半角 8 字まで）。

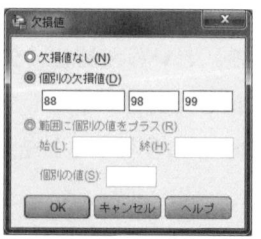

③ 欠損値指定した変数を用いて集計・分析を行い，これらの値が有

効回答でないとして除外されていることを確認します。

2-4 データファイルの高度な操作

2-4-1 ファイルの分割

データを「男女別」「年齢層別」など複数のグループに分けて分析したいときに実行します▶。

① ［データ］－［ファイルの分割］をクリックし，［ファイルの分割］ダイアログボックスを開く。

② 左の変数リストから，ケースを複数のグループに分ける変数を選び，→キーで右の［グループ化変数］ボックスに入れ，［グループ変数によるファイルの並べ替え］にチェック▶。

▶「ファイルの分割」とありますが，データファイルそのものが分割されてしまうわけではなく，ケースがグループに分割されるだけです。

▶既にグループ化変数でケースがソートされているときには［ファイルはすでに並び替え済み］をチェックします。

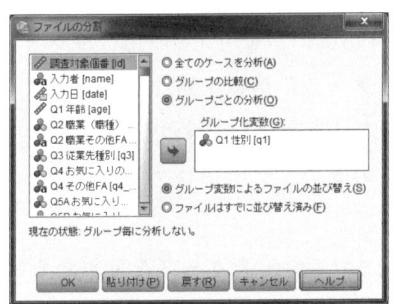

③ ［グループの比較］にチェックを入れると，後に行うデータ分析結果はすべてビューアの同じ出力表の中で分割グループを並べて表示される。［グループごとの分析］にチェックを入れておくと，後のデータ分析結果はグループごとに別の表として出力される。どちらか選んで OK をクリック。

この処理をした後の分析はすべてグループ化して行われます▶。

▶「全体での分析に戻したいときには①②の手順をした後に③のかわりに［全てのケースを分析］にチェックして OK をクリックします。

2-4-2 ケースの選択

データファイルの中にあるケースの一部分のみにデータの処理や分析

を行いたいときに実行します。「30～40代の女性のみ」や「問8でYesと答えた人のみ」などのように条件を設定したり，大量のケースを含むデータファイルからランダムに選んだケースだけを選んで分析の対象とすることができます▶。

① ［データ］―［ケースの選択］で［ケースの選択］ダイアログボックスを表示。
② 右の［ケース選択の状況］でケース選択の方法をいずれか選択。
 ➢ ［IF条件が満たされるケース］をチェックし下の IF ボタンをクリックして現れる［ケースの選択:IF条件の定義］ダイアログボックスで条件を定義▶。
 ➢ ［フィルタ変数の使用］をチェックし，左の変数リストから変数の値が1か0の2値である変数を選ぶと，1の値をとるケースを選択し，0の値をとるケースを除外する。
 ➢ ［ケースの無作為抽出］をチェックし，サンプルボタンをクリックして現れる［ケースの選択：無作為抽出］ダイアログボックスで無作為抽出の方法を指示します。
③ 同じ［ケースの選択］ダイアログで，選択／非選択のケースの扱いを指定する。
 ➢ 通常は［選択されなかったケースを分析から除外］でよい。
 ➢ ［選択されたケースを新しいデータセットにコピー］をチェックしてファイル名を入力すると，選択ケースのみを含んだ新しいデータファイルが作成される。
 ➢ ［選択されなかったケースを削除］をチェックすると，現在のデータファイルから非選択ケースが削除される▶。
④ OK をクリックすると分析に用いるケース選択が実行される。

ケース選択の処理を行うと，それ以後の分析にすべて適用されます▶。

2-4-3　データファイルの結合：変数の追加

いわゆる「横のファイル結合」です。同じ被験者に繰り返した実験デー

▶対象外となったケースは一時的に分析から除外することもできますし，データセットから削除してしまうこともできます。

▶詳細は割愛しますが，変数を用いた論理式が使えます。

▶この処理は元に戻せないので，注意のうえ実行しましょう。
▶全体を対象とした分析に戻したいときは再び①を実行し②で［全てのケース］を選んで OK をクリックしなければなりません。

タや，同じ標本に継続して行った調査データを統合するときに行います。
対応するケースどうしで結合しないといけないので，ケースを識別できる変数で事前にソート（昇順）しておく必要があります▶。

① 統合する2つのファイルを開き，それぞれ［データ］―［ケースの並べ替え］を実行。表示される［ケースの並べ替え］ダイアログボックスの［並べ替え］欄にケース識別変数を入れ，［並び順］の［昇順］にチェックを入れ，OKをクリック。

② 横に結合するときに左側になる（変数の並びを先にする）データファイルのデータエディタをアクティブにし，［データ］―［ファイルの結合］―［変数の追加］。

③ ［変数の追加先］ダイアログボックスが開いたら追加する変数の入ったデータファイル（手順①で開いている場合は［開いているデータセット］欄にある）を選んで続行をクリック。

④ ［変数の追加］ダイアログボックスの［除外された変数］欄には両方のファイルで変数名が重複する変数が列挙されており▶，この中にケース識別変数が入っているのを確認。［キー変数によるケースの結合］にチェックを入れ，→キーで右の［キー変数］ボックスに入れる。

▶ 両方のデータファイルに存在するケースのみ結合後のデータファイルに残したい場合は［アクティブでないデータセットが検索テーブル］にチェックを入れる。

▶ 片方のデータファイルにしか存在しないケースも結合後のデータファイルに含めたい場合は［両方のファイルがケースを提供］にチェックを入れる。

⑤ OKをクリックして変数追加のデータ結合を実行する▶。

2-4-4　データファイルの追加：ケースの追加

いわゆる「縦のファイル結合」です。複数グループの別々の被験者に分けて行った実験データを統合したり，地点や時点の異なる標本への社

▶データファイルにIDなどのケース識別番号が存在しない場合は，5章（72ページ）に示す変数の計算で作りましょう。計算式「\$casenum」で連番のケース番号が作れます。

▶①変数名が重複しているため［除外された変数］に入っている変数を統合後のファイルに含めたい場合は名前の変更ボタンで変数名を変更します。

▶元のファイルに追加されているので，上書き保存してよいか注意。

会調査データを統合して分析するときに行います。

① ［データ］―［ファイルの結合］―［ケースの追加］で［ケースの追加先］ダイアログボックスを開き，追加するケースが入っているデータファイルを選択▶し 続行 をクリック。

▶ダイアログボックスの名前がたいへん紛らわしいのですが,選択するのは追加するほう（下側）のファイルです。先に開いているほうが追加先（上側）になります。

② ［ケースの追加］ダイアログボックスに，2つのデータファイルを照合した結果が表示され，右側の［新しいアクティブなデータセット］に両方のデータファイルに存在している変数が列挙されている。

➢ 2つのデータファイル間で名前・データ型が揃っていないが内容は同じという変数があった場合，左の［対応のない変数］のリストからそのペアを選んで ペア ボタンを押すと右の［新しいアクティブなデータセット］リストに入る▶。

▶このとき先に開いているほうの変数名で結合されますが, 名前の変更 ボタンで変更できます。

➢ 片方のデータファイルにしかない変数を結合後のデータファイルに保存するには，左のリストから右のリストへ → ボタンで移動させる。結合後のデータファイルに含めなくてよいときは，左のリストに置いたままにする。

③ 結合されるケースが，どちらのデータファイルからきたものか示す変数をあらかじめ用意していない場合は，［変数としてケースソースを示す］にチェックボックスを入れて変数名をつける▶。

▶ケースソースが追加するほうのファイルなら1，元のファイルなら0とする2値変数として保存されるので,名前の付け方に注意しましょう。

▶元のファイルに追加されているので,上書き保存してよいか注意。

④ OK をクリックしてケース結合のファイル結合を実行する▶。

2-5　SPSSと他のソフトウェアの連携

SPSSビューアに出力されるデータ分析結果を用いてレポート・論文に貼り付ける際，必要のない情報や文字列まで含めて貼り付けてしまうと，読み手にとって冗長であるばかりか混乱を与えることがあります。したがって，必要な数表やグラフだけを貼り付けます▶。

▶もちろん，ワードプロセッサの機能を使って貼り付けた数表を編集し，必要な部分のみを提示します。

① SPSSビューアで必要な数表をマウスでポイントして右クリックし［コピー］

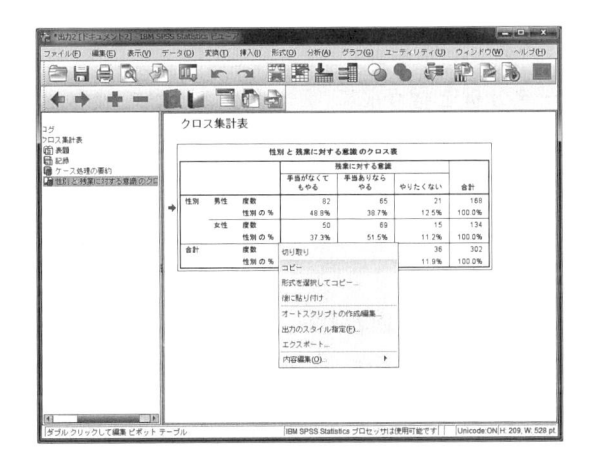

② この方法だとイメージ（画像）として貼り付けられてしまう場合は，SPSSで右クリックした後に［形式を選択してコピー］，次いで開くダイアログボックスで［プレーンテキスト］や［リッチテキスト］［Excelワークシート］をチェックして OK

> 逆にイメージとしてコピーしたいときは②の手順から［画像］や［メタファイル］▶を選んで OK

コピーした後はWordなどのワードプロセッサソフトウェアにペースト（貼り付け）して使用します。ただし，論文などで数表を提示する際には縦の罫線を使わないことが多いので，Wordの罫線機能を用いて消していきます。

▶メタファイルは基本的にベクトルファイルなので，フォントが埋め込まれないSPSSの新しいバージョンでは，ビューアで表示されているものとは異なるフォントで貼り付けられることがある。

まとめ

　SPSSでデータ分析を行う前に，データをSPSSで読み込む／入力するとともに，基礎的な設定をしておくことが重要である。

- 変数を用いた集計表や分析結果を見やすくするために，変数の内容を説明する　①　や，個々のカテゴリ値の内容を説明する　②　を定義しておくとよい。
- データファイルでは，無回答や　③　などの箇所に特定の値を入れた　④　が存在するので，これらを分析の際に含めないよう設定しておく必要がある。

練習問題（データ 職業調査.sav）

① 変数q1は，性別を表す変数であることがわかっている。q1という変数名をsexに変更してみよう。
② 変数q1の変数ラベルに「性別」を設定してみよう。
③ 変数q1の値ラベルとして，1に「男性」を，2に「女性」を設定してみよう。
④ 変数job, work1〜work3には88という非該当の欠損値指定がされている。どのような場合にこれらの変数が非該当となるのか，データファイル内の他の変数との関係で考えてみよう。

3章 単純集計，クロス集計
質的変数の特徴を捉える

3-1 単純集計

3-1-1 目的：単一の質的変数の分布把握

1章では変数の尺度について学び，同時に量的変数・質的変数という区別についても知りました。質的変数に与えられるデータ値は，基本的に数量としての意味を持ちません。

> 例 名義尺度で測定された「所属学部」という変数に［1. 文学部 2. 法学部 3. 経済学部 4. 社会学部 5. 心理学部］というように数値1〜5が与えられたとしても，それは各ケースがいずれのカテゴリに分類されるかということを示すにすぎません。また，「最終学歴」の変数が［1. 中学 2. 高校 3. 短大・専門学校 4. 大学］といった順序尺度で測定されている場合もカテゴリ番号は基本的に数量としての意味を持ちません。

したがって質的変数については，平均値などの統計量を計算しての把握はできません。質的変数の特徴を統計的に把握するには，基本的にカウントする（計数）ということになります。

ある質的変数の値の分布を知るのに，カテゴリに属するケースがいくつあるのかカウントしてまとめる方法が**単純集計**です。ここで「単純」というのは，単一の質的変数の分布を扱っているという意味です。単純集計の結果を表形式にまとめたものを**単純集計表**（あるいは**度数分布表**）といいます。

3章

表 3.1 性別の度数分布表（人）

	度数
男性	190
女性	210
合計	400

単純集計の構造はまさに単純明快で，質的変数がとるカテゴリを列挙し，そこに分類されたケース数を表示するだけです。このとき，各カテゴリに分類されたケース数のことを**度数**といいます▶。

ただし，次の2つの表のように全体の**総度数**▶が異なるときには，各カテゴリの度数だけでは簡単に分布を比較できません。

▶英語で frequency といいます。そのカテゴリにデータ内のケースがどれだけ頻繁に出現したか，ということを示しています。

▶しばしば N と表記されることから「N 数」とも呼ばれます。

表 3.2 電車内での携帯電話通話利用頻度

若年齢層	度数
よくする	23
ときどきする	21
あまりしない	27
まったくしない	79
合計	150

中高年齢層	度数
よくする	34
ときどきする	26
あまりしない	32
まったくしない	108
合計	200

そこで，各カテゴリの度数の，総度数に対する割合（比率）を計算して度数の代わりに表示，あるいは度数とともに表示することがあります。この割合のことを**相対度数**▶といいます。相対度数を用いると，変数の値の分布が把握しやすくなります。

▶SPSS では，相対度数をパーセンテージで出力します。

表 3.3 電車内での携帯電話通話利用頻度（括弧内は相対度数）

若年齢層	度数（%）
よくする	23（15.3）
ときどきする	21（14.0）
あまりしない	27（18.0）
まったくしない	79（52.7）
合計	150（100.0）

中高年齢層	度数（%）
よくする	34（17.0）
ときどきする	26（13.0）
あまりしない	32（16.0）
まったくしない	108（54.0）
合計	200（100.0）

さらに，最初のカテゴリから着目するカテゴリまでの度数を足したものを**累積度数**，同じく相対度数を足したものを**累積相対度数**といいます。

特に名義尺度の変数を集計する際に，度数の大きい順にカテゴリを並べ替えて累積度数や累積相対度数を表示すると回答分布の集中度を示す目安になります。

3-1-2 SPSS での実行（データ 職業調査 2.sav）

① ［分析］─［記述統計］─［度数分布表］
② ［度数分布表］ダイアログボックスの中の［変数］ボックスに，単純集計を行いたい変数を指定。複数指定可▶。
③ ［度数分布表の表示］にチェックが入っていることを確認
④ ［統計量］は質的変数の分析という点ではほぼ意味をなさないので割愛▶。
⑤ ［図表］では棒グラフ・円グラフなどの出力が指定できる▶。
  ➢ 各カテゴリの度数の大小を比較するには棒グラフ。
  ➢ 各カテゴリの構成比をみるには円グラフ。
⑥ ［書式］では単純集計の中でのカテゴリの並べ方を指定▶。

▶Microsoft Office など他のWindowsソフトウェアと同様に，連続した複数項目を選択するにはShiftを押しながらクリックし，離れた複数項目を選択するにはCtrlを押しながらクリックします。
▶②の変数ボックスに量的変数を入れた場合には有用ですが，本章の目的に沿いません。
▶②では量的変数を選んだ場合はヒストグラムを選択できますが，ここでも割愛します。
▶一般的には［値による昇順］が多いのですが，分析している質的変数が名義尺度データである場合は［度数による降順］（度数の大きい順にカテゴリを並べ替え）も考慮できます。

- 単純集計の結果（度数分布表）。

職業分類

		度数	パーセント	有効パーセント	累積パーセント
有効数	事務的職業	51	12.8	17.1	17.1
	専門・技術的職業	70	17.5	23.5	40.6
	管理的職業	15	3.8	5.0	45.6
	販売的職業	46	11.5	15.4	61.1
	サービス的職業	33	8.3	11.1	72.1
	保安的職業	7	1.8	2.3	74.5
	技能工・生産工程に関わる職業	42	10.5	14.1	88.6
	運輸・通信的職業	14	3.5	4.7	93.3
	農林的職業	2	.5	.7	94.0
	その他	18	4.5	6.0	100.0
	合計	298	74.5	100.0	
欠損値	非該当	94	23.5		
	無回答	8	2.0		
	合計	102	25.5		
合計		400	100.0		

  ➢ 対象の変数に変数ラベル・値ラベルが指定されていれば，それに基づいて表が表示される。

- > この例は値ラベルで表示されているのでわかりにくいが，手順⑥で［値による昇順］を選んだので，データファイルに入力された値の昇順でカテゴリが並べられている。
- > また，欠損値指定がなされている場合はカテゴリ項目に非該当や無回答が列挙され，それらを除いた**有効回答**の合計やそれを分母とする**有効パーセント**が表示される。
- ［度数による降順］を選んだ場合の出力。

職業分類

		度数	パーセント	有効パーセント	累積パーセント
有効数	専門・技術的職業	70	17.5	23.5	23.5
	事務的職業	51	12.8	17.1	40.6
	販売的職業	46	11.5	15.4	56.0
	技能工・生産工程に関わる職業	42	10.5	14.1	70.1
	サービス的職業	33	8.3	11.1	81.2
	その他	18	4.5	6.0	87.2
	管理的職業	15	3.8	5.0	92.3
	運輸・通信的職業	14	3.5	4.7	97.0
	保安的職業	7	1.8	2.3	99.3
	農林的職業	2	.5	.7	100.0
	合計	298	74.5	100.0	
欠損値	非該当	94	23.5		
	無回答	8	2.0		
	合計	102	25.5		
合計		400	100.0		

- > 度数の大きい順に並べ替えているので，累積パーセント（累積相対度数）を用いると「上位の3カテゴリだけで半数を超える」といったことがわかる。

3-1-3 応用：層別の集計

2章では変数の値によって作られるグループごとに集計・分析を行うSPSSの［ファイルの分割］機能を紹介しました。先に挙げた表3.2，表3.3はこれを使って年齢層のグループごとに集計したものです。このようにグループやカテゴリ別にデータをみていく操作を層別するといい，層別の集計・分析はデータ分析の基本です。変数の分布はさまざまですが，その分布は他の変数で作られるグループやカテゴリといった各層において同様であるとは限らず，食い違っていることもしばしばです。そこに

意味を見出すのが，データ分析の出発点ともいえます。

> 例　男女によって，会社の中で役職についている人の割合は違うのでしょうか。年齢層によって，「男性は外で働き，女性は家庭を守るべきである」という考えへの賛否の割合は異なるのでしょうか。最終学歴によって，所得階層の分布は異なっているのでしょうか。

これらの問題を考える際に，単純集計を層別に順次行うよりもさらに分析的な目でみていく方法が，次に紹介するクロス集計です。

3-2　クロス集計

3-2-1　目的：層別集計による二次元分布

　クロス集計とは，1つの質的変数の単純集計を，別の質的変数のカテゴリごとに分割した2次元の集計表（**クロス表**）を作成することです。たとえば表3.4のような「残業に対する意識」をまとめた1次元表▶（単純集計表）を，性別によって層別し2次元表として集計したのが表3.5のクロス表です。クロス表は，1次元であった度数分布表を2次元に分割しているので，**分割表**とも呼ばれます。

▶表3.4は，表3.5との対比のためにカテゴリを横に並べています。

表3.4　残業に対する意識

手当がなくてもやる	手当ありならやる	やりたくない	合計
132	134	36	302

表3.5　性別×残業に対する意識（度数）

性別	残業に対する意識			合計
	手当がなくてもやる	手当ありならやる	やりたくない	
男性	82	65	21	168
女性	50	69	15	134
合計	132	134	36	302

　2次元でデータを整理するのは，「（クロス表の）一方の変数の分布のあり方は，他方の変数のカテゴリによって異なるのではないか」と考えることを意味します。この例の場合「残業に対する意識は性別によって違

いがあるのではないか」という問いのもとにクロス表を作成しています。

　また,「変数 X のカテゴリによって変数 Y の分布が十分異なる」ということを「変数 X と変数 Y の間に**関連**がある」と表現します。したがって,クロス表を作る目的とは,質的変数間の関連▶の有無を調べるということになりますが,具体的には次のステップで分析を進めていきます。このうち(1)と(4)は本章で扱い,(2)と(3)は7章で扱っています。

▶変数間の関連のうち,質的変数間の関係を関連(association；連関ともいう)といいます。量的変数間の関連が相関(correlation)です。

(1) 説明変数のカテゴリごとに,被説明変数の分布は十分異なっているか(2変数間に連関はありそうか),クロス表を作って確認する。

(2) 標本調査の場合,2変数の関連は母集団においても存在するといえる(関連が有意である)のか検定を行う。

(3) 2変数の連関が有意である場合,それはどれほどの強さなのか,関連度の指標によって測る。

(4) 第3変数などを考慮してクロス表分析を精緻化したり,因果関係などについて考察したりする。

3-2-2　クロス集計の概念

　クロス表の一般型を図3.1に示します。一方の質的変数 X を左側の**表側**に,もう一方の質的変数 Y を**表頭**にそれぞれ配置したとします。このとき,表側に配置した変数を**表側項目**,あるいは行カテゴリを作るという意味で**行変数**といい,表頭に配置した変数は**表頭項目**,あるいは**列変数**といいます。

3-2 クロス集計

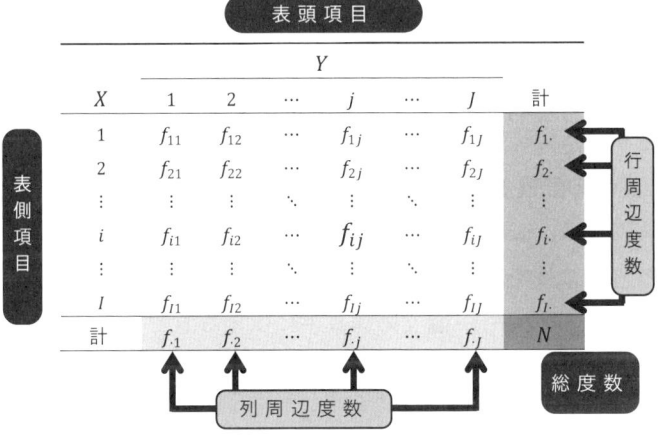

```
                表頭項目
              ┌─────────────┐
                    Y
         X    1    2   ···   j   ···   J    計
         1   f₁₁  f₁₂  ···  f₁ⱼ  ···  f₁ⱼ   f₁.
         2   f₂₁  f₂₂  ···  f₂ⱼ  ···  f₂ⱼ   f₂.
         ⋮    ⋮    ⋮   ⋱    ⋮    ⋮    ⋮    ⋮
         i   fᵢ₁  fᵢ₂  ···  fᵢⱼ  ···  fᵢⱼ   fᵢ.
         ⋮    ⋮    ⋮         ⋮   ⋱    ⋮    ⋮
         I   fᵢ₁  fᵢ₂  ···  fᵢⱼ  ···  fᵢⱼ   fᵢ.
         計   f.₁  f.₂  ···  f.ⱼ  ···  f.ⱼ   N
```

表側項目 / 行周辺度数 / 列周辺度数 / 総度数

図3.1 クロス表の一般型

クロス表の大きさはまちまちなので，2つの変数のカテゴリ数を用いて表現します。変数Xのカテゴリ数をI個，Yのカテゴリ数をJ個とすると「$I \times J$のクロス表」，あるいは単に「$I \times J$表」といいます。

> 例　表側項目に性別（男女）を，表頭項目に年齢層（20代，30代，40代，50代，60代）を置いた場合，2×5のクロス表です。

クロス表の基本的な用語として，ある行と列の交差している部分を**セル**といいます。セルは行変数のカテゴリと列変数のカテゴリの組み合わせを意味しますが，その組み合わせの度数を**セル度数**といいます。図3.1の中で一般型として示したクロス表の記号を用いると，i行j列にあるセルの度数を「f_{ij}」と表現します▶。

また，各行の右端にはその行のセル度数の合計があり，**行周辺度数**といいます。同じく記号で表すと，i行の行周辺度数は列番号を示す添字のところに「合計」を示すドットを用いて「$f_{i.}$」と表現します。同様に各列の下端には**列周辺度数**があり，j列の列周辺度数を「$f_{.j}$」と表現します。クロス表の一番右下には，クロス集計に現れているケース数の総合計で

▶fは単純集計と同様に度数 frequency を指しています。

あり**総度数**といいます。さきほどの記法を用いて「$f_{..}$」と書くこともありますが，単純集計と同様に「全体の度数」であることを意味する大文字の「N」で表現することが多いです▶。

▶なお,行周辺度数を N で除した $f_{i.}/N$ を行周辺比率，列周辺度数を N で除した $f_{.j}/N$ を列周辺比率といいます。

3-2-3 変数の配置と行パーセント・列パーセント

クロス表では，表頭と表側のどちらに説明要因（層別する変数）を配置し，どちらに被説明要因（分布を説明される側の変数）を配置するかということが，レポート・論文の読み手に伝える上で重要になります。日本で発表された論文では表側に説明要因をおき，表頭に被説明要因をおくことが多いようです。

> 例　表 3.5 の例では，性別を説明要因とし，残業に対する意識を被説明要因と考えています。

このことは相対度数，あるいはパーセントの計算や提示に密接に関わってきます。自分の取り組んでいる問題をよく考えて，分析的に変数を配置します。

- 表側に説明要因を配置するということは「行変数のカテゴリごとに列変数の分布が異なるのか」という問いを検証することになるので，行周辺度数を 1 とするような相対度数（あるいは行周辺度数を 100 とする**行パーセント**）を計算・提示することが議論の流れとして自然です。
- 逆に，表頭に配置した変数を説明要因とする場合には，列周辺度数を 1 とするような相対度数（あるいは列周辺度数を 100 とする**列パーセント**）を計算・提示します。

> 例　表 3.6 では「性別によって生活満足度の分布が異なるのではないか」と考え，行変数として説明要因である性別を置き，列変数に被説明要因である生活満足度を置いています。したがって，括

弧内には行パーセント（行周辺度数を100とするパーセンテージ）を提示しています。

表 3.6　性別と生活満足度のクロス表

性別	生活満足度		合計
	満足	不満	
男性	116 (61.1%)	74 (38.9%)	190 (100.0%)
女性	144 (68.6%)	66 (31.4%)	210 (100.0%)
合計	260 (65.0%)	140 (35.0%)	400 (100.0%)

　表 3.6 を見ると，男女合わせた全ケース 400 人のうち 65％が生活に満足していますが，男性では 190 人のうち 61.1％が，女性では 210 人のうち 68.6％が生活に満足していると答えています。行パーセントを比較すると男女で生活満足度の分布に違いがあるので，性別と生活満足度との間には関連があるのではないかと考えられます。

　しかし，このデータが自分の探究対象としている集団の全体（母集団▶）から得られたものであったら，この行パーセントの数値だけで「関連がある」と結論づけてもよいのですが，一部だけ（標本）のデータであったら，いま挙げた行パーセントの違いは誤差の範囲かもしれませんので，そのように結論づけてよいかどうかはさらなる分析の必要があります（6章，7章を参照）。

▶母集団や標本の概念については6章を参照。

3-2-4　多重クロス表

　クロス表を作成して 2 変数間に関連があるように思えたとしても，ただちに「関連がある」と結論づけるのはやや早計です。もしかしたら，本当は 2 変数の間に直接的な関連がないにも関わらず，第 3 の要因が介在することであたかも 2 変数の関連があるかのように見えてしまっただけかもしれません。そのような可能性を考慮して第 3 の変数を導入し，そのカテゴリによってさらに層別して作られる複合的な表を**多重クロス表**といいます。▶

▶多重クロス表によってクロス表分析をさらに精緻化することを，クロス表の**エラボレイション**（精緻化）と呼びます。

> 例　自動車運転時に事故を起こした経験は性別と関連があるでしょうか。

表 3.7　性別×事故経験の有無（括弧内は行%）

性別（X）	事故経験の有無（Y）		計
	あり	なし	
男性	63 (31.5)	137 (68.5)	200 (100.0)
女性	36 (18.0)	164 (82.0)	200 (100.0)
計	99 (24.8)	301 (75.3)	400 (100.0)

　表 3.7 を見ると「男性は交通事故を起こしやすい」という結論を導いてしまいそうです。しかし「走行距離」を第3変数として導入し，走行距離が「長い」グループと「短い」グループとで場合分けして性別と事故経験とのクロス表をそれぞれ作成すると，性別と事故有無には関係がなさそうです▶（表 3.8）。

▶この例は、Zeisel（1985＝2005）が挙げた事例の数字を変えたものです。

表 3.8　走行距離別，性別×事故経験の有無

走行距離（Z）	性別（X）	事故経験の有無（Y）		総計
		あり	なし	
長い	男性	53 (48.2)	57 (51.8)	110 (100.0)
	女性	17 (48.6)	18 (51.4)	35 (100.0)
短い	男性	10 (11.1)	80 (88.9)	90 (100.0)
	女性	19 (11.5)	146 (88.5)	165 (100.0)
総計		99 (24.8)	301 (75.3)	400 (100.0)

　この例では性別 X と走行距離 Z に関連が強く，走行距離 Z は事故経験の有無 Y と関連が強かったので，Z が媒介をすることで X と Y の間にあたかも直接の関連があるように見えていました▶。したがって2変数で関連がありそうだからといってただちに結論づけず，第3変数を導入した多重クロス表を作成して検証しなければいけません。

▶これを**見せかけの関連**といいます。この例のような媒介関連のほかに疑似関連があり,量的変数では疑似相関（12-3-5項）と呼ばれています。

3-2-5　SPSS での実行（データ 職業調査 2.sav）

① ［分析］―［記述統計］―［クロス集計表］

② ［クロス集計表］ダイアログボックスの中の［行］ボックスに，行変数（表側項目）を指定し，［列］ボックスには列変数（表頭）を入れる。［層］ボックスには第3変数（コントロール変数）を入れる。

➢ ［行］に説明要因とする変数を，［列］に被説明要因とする変数を指定すると日本の論文の一般的な表示に合う。
➢ ［行・列・層］とも複数の変数を指定できるが，その組み合わせだけクロス表が出力されるので注意。
➢ 第3変数ははじめから指定するのではなく，まず2変数で関係を確かめてから追加するとよい。
③ ［セル］をクリックして開く［クロス集計表：セル表示の設定］というダイアログボックスで，［パーセンテージ］欄の［行］［列］［全体］で表示したいものを指定して［続行］

3章

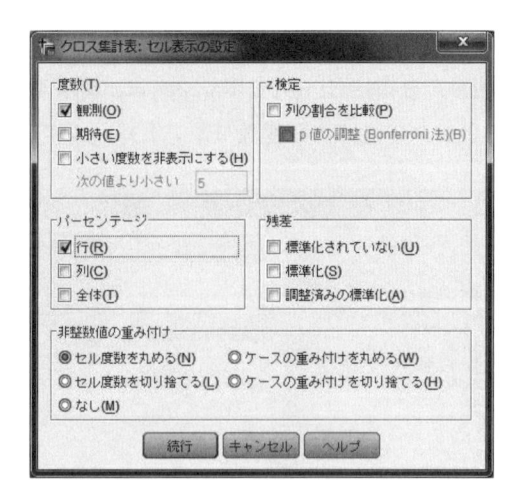

> 手順②で説明要因とする変数を［行］に指定した場合は，ここでも行パーセントを出力する［行］にチェックを入れる．説明要因が［列］ならここでも［列］．［全体］は総度数 N を分母とする各セル度数のパーセンテージだが，あまり使わない．

> ［クロス集計表：セル表示の設定］ダイアログボックスの他の箇所は特に何も指定しないが，7章で説明する．

④ 統計量 はここでは使わない（7章で説明）．

⑤ もとの［クロス集計表］ダイアログボックスに戻ったら OK

- ［ケース処理の要約］には投入した変数に欠損データが1つもなかったケースが［有効数］，1つでも欠損があったケースが［欠損］として表示される．

ケース処理の要約

	ケース					
	有効数		欠損		合計	
	度数	パーセント	度数	パーセント	度数	パーセント
性別 * 残業に対する意識	302	75.5%	98	24.5%	400	100.0%

- 続いて［行］［列］で指定した組み合わせのクロス表が出力される．［層］を指定した場合はそのカテゴリごとに［行］×［列］のクロス表が

出力される。

性別 と 残業に対する意識 のクロス表

			残業に対する意識			合計
			手当がなくてもやる	手当ありならやる	やりたくない	
性別	男性	度数	82	65	21	168
		性別 の %	48.8%	38.7%	12.5%	100.0%
	女性	度数	50	69	15	134
		性別 の %	37.3%	51.5%	11.2%	100.0%
合計		度数	132	134	36	302
		性別 の %	43.7%	44.4%	11.9%	100.0%

➢ この例では［パーセンテージ］で指定した行パーセントが表示されている。

3-2-6　レポート・論文での示し方

　単純集計・クロス表ともに，SPSSビューアの出力を利用してレポート・論文本文に表形式で提示します。ただし2-5節で示したように，SPSSの出力をそのまま使うのではなく，縦罫線を消すなどして提示します▶。

▶SPSSの出力をワープロソフトなどに貼り付ける方法は2-5節を参照。

表3.9　性別×残業に対する意識（人，括弧内は行%）

性別	残業に対する意識			合計
	手当がなくてもやる	手当ありならやる	やりたくない	
男性	82（48.8）	65（38.7）	21（12.5）	168（100.0）
女性	50（37.3）	69（51.5）	15（11.2）	134（100.0）
合計	132（43.7）	134（44.4）	36（11.9）	302（100.0）

　また，レポートや論文で言及しやすいように表の上には通し番号をふり，クロス表の内容を端的に表現するようなタイトル（表キャプション）を記します。もちろん，表側や表頭の変数が何であるか，それぞれのカテゴリの内容が何であるのかも記しておきます。また，表内の数値が実数であるときには単位を書きますし，相対度数や行パーセントを提示するときにはその旨も明記しておきます。

　さらに一歩進んだクロス表分析の結果を提示する際には，もう少し示すべきことがありますが，それは7章で紹介します。

3-3 多重回答

　1-1-4項では，複数回答可（**多重回答**）の質問については1つ選択肢につき1列を設け「選択=1，非選択=0」とするダミーコードにすることが多いと述べました。選択肢ごとに別々の変数となってしまいますので，ここまでのようなやり方で単純集計表やクロス表を作成することができません。しかし，SPSSでは複数の変数として保存されている各選択肢を一つの変数のように扱えるよう多重回答グループを定義し，その後に単純集計かクロス集計を作成するという2段階で実行できます。

多重回答グループの定義と集計表（データ インターネット利用調査）

① ［分析］―［多重回答］―［変数グループの定義］をクリック，［多重回答グループの定義］ダイアログボックスを開く。

② 左の変数リストから多重回答の選択肢に対応する変数を［変数グループ内の変数］ボックスにすべて入れる。

③ ［変数のコード化様式］で，選択肢がダミーコード化されている（変域が1か0で，多重回答質問で選択されていれば1が入力されている）場合，［2分変数］にチェックを入れて［集計値］ボックスに1を入力する。

④ 選択肢に対応する変数をまとめて扱う際の一時的な変数名を入力する。また，変数ラベルを入力する。

3-3 多重回答

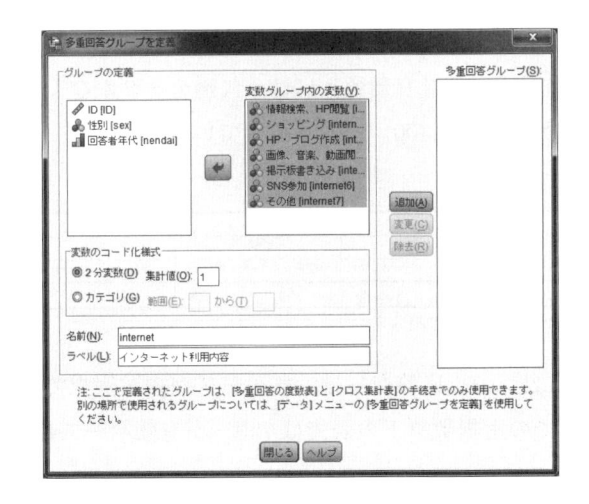

⑤ 追加 ボタンをクリックし，右の［多重回答グループ］ボックスに④で書いた一時変数名▶が表示されたのを確認して 閉じる ボタンをクリック。

▶データファイルに保存されない一時変数なので，先頭に＄マークがついています。

多重回答グループの度数分布表

① ［分析］－［多重回答］－［度数分布表］をクリック，［多重回答グループの度数分布表］ダイアログボックスを開く。

② ［多重回答グループ］のリストに先の手続きで定義した一時変数が現れているので，これを選択して右の［テーブル］ボックスに入れて OK

- [ケースの要約] の [有効数] には，欠損データがなく1つでも選択肢を選んだケース数（400）が表示されている。

ケースの要約

	ケース					
	有効数		欠損		合計	
	度数	パーセント	度数	パーセント	度数	パーセント
$internet[a]	400	100.0%	0	0.0%	400	100.0%

a. 2 分グループを値1で集計します。

- [度数分布表] の [応答数] は，各ケースが複数選択できたので，全ケースの中での選択数（下の表では748）が有効ケース数（400）を超えている。

$internet 度数分布表

		応答数		ケースのパーセント
		度数	パーセント	
インターネット利用内容[a]	情報検索、HP閲覧	349	46.7%	87.3%
	ショッピング	166	22.2%	41.5%
	HP・ブログ作成	40	5.3%	10.0%
	画像、音楽、動画閲覧	83	11.1%	20.8%
	掲示板書き込み	17	2.3%	4.3%
	SNS参加	47	6.3%	11.8%
	その他	46	6.1%	11.5%
合計		748	100.0%	187.0%

a. 2 分グループを値1で集計します。

> 表のパーセント表示には，[応答数] 欄の下の [パーセント] と，[ケースのパーセント] の2つが表示されている。前者は選択数ベース（分母が748）のパーセンテージであり，後者はケース数ベース（分母が400）のパーセンテージである▶。

▶一般的にはケース数ベースのパーセントでよいのですが，分析目的（たとえば選択数の中でのシェアを知りたい場合）に応じて選択数ベースの数値を採用します。

多重回答グループのクロス集計表

① [分析]—[多重回答]—[クロス集計表] をクリック，[多重回答グループのクロス集計表] ダイアログボックスを開く。

② [多重回答グループ] のリストに先の手続きで定義した一時変数が現れているので，これを選択して右の [行] [列] [層] いずれかのボックスに入れる。

③ クロス集計を行う他の質的変数を同じく［行］［列］［層］いずれかのボックスに入れる。このとき，クロス集計表内で表示するカテゴリ範囲を 範囲の定義 ボタンから指定する。

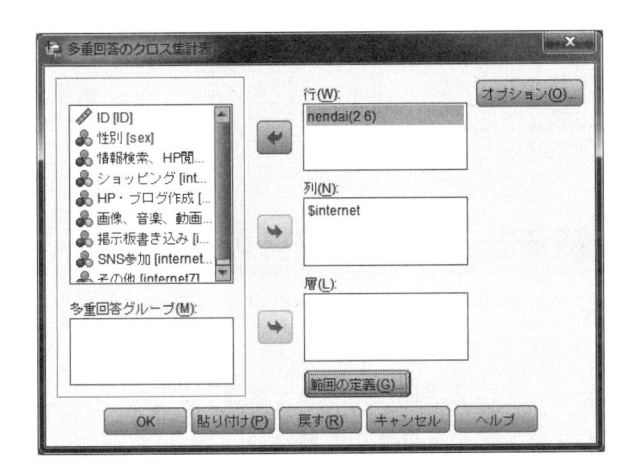

④ オプション ボタンでセル内に表示するパーセンテージ（行パーセント，列パーセント，全体パーセント）の指定，およびその計算の分母を指定。ケース数ベースの場合は［ケース数］に，選択数ベースの場合は［回答数］にチェックを入れる。

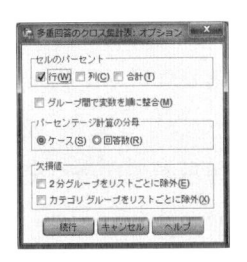

- ［ケースの要約］有効回答が表示される（省略）。
- クロス表の出力では，意図したパーセンテージが表示されているか確認する。

nendai*$internet クロス表

		情報検索、HP閲覧	ショッピング	HP・ブログ作成	画像、音楽、動画閲覧	掲示板書き込み	SNS参加	その他	合計
回答者年代	20代 度数	74	35	11	32	5	26	3	80
	nendai の %	92.5%	43.8%	13.8%	40.0%	6.3%	32.5%	3.8%	
	30代 度数	79	46	11	13	3	9	4	80
	nendai の %	98.8%	57.5%	13.8%	16.3%	3.8%	11.3%	5.0%	
	40代 度数	74	35	8	14	4	7	4	80
	nendai の %	92.5%	43.8%	10.0%	17.5%	5.0%	8.8%	5.0%	
	50代 度数	65	30	4	16	3	5	9	80
	nendai の %	81.3%	37.5%	5.0%	20.0%	3.8%	6.3%	11.3%	
	60代 度数	57	20	6	8	2	0	26	80
	nendai の %	71.3%	25.0%	7.5%	10.0%	2.5%	0.0%	32.5%	
合計	度数	349	166	40	83	17	47	46	400

パーセンテージと合計は応答者数を基に計算されます。
a. 2 分グループを値 1 で集計します。

3-4　単純集計とクロス集計の応用

　単純集計とクロス集計はそれ自体が集計・分析作業ですが，分析に先立つデータ整備作業である**データクリーニング**でも役立てられます。データクリーニングは文字通り「データをきれいにする」ということですが，次のようなエラーを検出します。

- **オフコードエラーの検出**　オフコードチェックなどといったりします。その変数には本来あるはずのないコードが変数の値としてデータファイルに存在するようなエラーです。データセット作成時の誤入力などによって混入します。この種のエラーは，データセット内の各変数について単純集計表を作成することで検出できます。

- **ロジカルエラーの検出**　ロジカルチェック，インテグリティ（一貫性）チェックなどといったりします。たとえば回答内容によって次に進む質問が異なる分岐質問がある場合には，ケースによっては本来答えなくてもよい／答えてはならない質問（非該当項目）があるはずですが，そこに欠損値コード以外のコード値がデータファイルに入力されているといったエラーです。調査時の回答ミス（被験者の勘違い），データセット作成時の欠損値コードの誤入力などによって混入します。この種のエラーは，分岐前の質問と分岐後の質問とでクロス表を作成することによって検出できます。

まとめ

- 総度数が異なる複数の質的変数の分布の違いを単純集計表によって比較する際には，実数でなく ① を計算するとよい。
- 無回答や非該当などの欠損値処理を事前にしておけば，それらを除いた ② 回答だけの合計やパーセンテージが出力される。
- クロス表において，表側項目（行変数）に説明要因をおいた場合， ③ パーセントを計算してセル内に表示するとよい。
- 2変数クロス表によって2変数の間に関連がありそうだと思われてもただちに結論づけず，第3の要因を導入した ④ クロス表を作成するなどしてより精緻に吟味すべきである。

練習問題

① 職業調査2.sav を用いて，婚別（未婚，既婚，離別・死別）によって残業に対する考え方が異なるのか，クロス表で分析するとしたとき，いずれを行変数にすべきか考えてみよう。

② ①のようにした場合，相対度数を行パーセント，列パーセント，全体パーセントのいずれで計算すべきか考えてみよう。

③ ①②で考えたクロス表を実際に作成し，2変数の関連についてわかったことを書いてみよう。

④ 同じデータセットから変数を自由に選んでクロス表を作成し，ワープロソフトに貼りつけて2変数の関連についてわかったことを書いてみよう。

⑤ インターネット利用調査.sav を用いて，多重回答であるインターネット利用内容について性別，あるいは年代とのクロス表を作成してみよう。

4章 記述統計量
変数の特徴を捉える

4-1 記述統計量：ひとつの変数の特徴を記述する

データ分析ではじめに必ずやらなければならないことは各変数の特徴を確認することです。それらの特徴によって適切な分析手法が変わってくるからです。

データ自体を眺めていても特徴はわからないので，確認作業にはデータのもつさまざまな特徴を1つの数字に要約した**記述統計量**▶を用います。記述統計量には，データの中心を表す**代表値**，散らばり具合を表す**散布度**，その他分布の形状を表すものなどがあります（図4.1）。

▶ **基本統計量**や**要約統計量**ともいいます。

代表値	散布度	その他
平均値	分散 標準偏差	尖度
中央値		
最頻値	四分位範囲 四分位偏差	歪度

図4.1 記述統計量の種類

4-2 代表値：データの中心

4-2-1 平均値

データの合計をその個数で割ったものを**平均値**▶といいます。変数 x の各値を x_i，データの個数を N としたとき平均値▶ $\bar{x}$ は以下のように数式で書けます。

▶ 正確には**算術平均**といいます。

▶ 平均値（mean）の頭文字をとって M と表記されることもあります。論文やレポートでは M のほうが多くみられます。

$$\bar{x} = \frac{1}{N}\sum_{i=1}^{N} x_i$$

> 例　6人の年収（万円）が，0, 200, 300, 300, 500, 800 だった場合，以下のようになります。
> $$\bar{x} = 0 + 200 + 300 + 300 + 500 + 800 \div 6 = 350 \text{万円}$$

　平均値は統計学にとってもっとも重要な記述統計量です。サンプルの値がもつズレを最小にするように推測した場合，平均値が「真の値」の推定値としてベストだからです[▶]。したがって，代表値のなかで平均値が一番よく使われています。

▶ 西内（2014）などを参照。ズレを最小にする推定方法は回帰分析のところで再び登場します（13章参照）。

4-2-2　中央値

　データを大小順に並べたときに真ん中にくる値を**中央値** Mdn といいます。データが偶数個のときは真ん中の2つの値を足して2で割ります。

> 例　上の例のデータで中央値を計算すると，データが偶数個ありますから以下のようになります。
> $$Mdn^{▶} = (300 + 300) \div 2 = 300 \text{万円}$$

▶ 中央値（median）を短縮して Mdn と表記されることがあります。

4-2-3　最頻値

　データの中で一番多くみられる値を**最頻値**といいます。

> 例　上の例のデータで最頻値を計算すると，2個ある300万円になります。

　最頻値はデータのなかに同じ値がなければ決まりませんので，年収や身長のように値の刻みが細かいデータには向きません。そのようなデー

タの場合は，「100万円以上200万円未満」のように階級をつくって質的変数化したうえで最頻値を決めます。

4-2-4 使い分け

3種類の代表値を見てきましたが，そのなかでは平均値がもっともよく用いられます。ただし平均値は，基本的には間隔尺度以上に向いています。データ尺度水準によっては使えませんので注意が必要です（表4.1）。

表 4.1 代表値と尺度水準

代表値	比率・間隔尺度	順序尺度	名義尺度
平均値	○	△（間隔尺度とみなして）	×
中央値	○	○	×
最頻値	△（度数分布表作成後）	○	○

また平均値は，はずれ値や分布の影響を受けやすいため，代わりに中央値や最頻値が用いられることがあります。**はずれ値**は他の値と比べて極端に大きかったり小さかったりする値です。はずれ値があるデータの平均値は，不適切に大きくなったり小さくなったりします。

> 例　上の例のデータに4200万円のケースを1人追加したとします。このとき平均値は以下のように急激に大きくなります。
> $$\bar{x} = (0 + 200 + 300 + 300 + 500 + 800 + 4200) \div 7 = 900 \text{万円}$$
> 7人のうち1人しか平均値以上がいないため，代表値としては不適切です。他方，中央値も最頻値も300万円のままで，はずれ値の影響が小さいことがわかります。

データの分布形状によっても3つの代表値は異なります（図4.2）。3つの代表値が一致するのは，(a)のような山が1つで左右対称型の分布です。データがこうした分布に近い場合は平均値のみを用いて問題ありません。(b)のヒストグラムでは，平均値と中央値が一致しますが，その値を

とるケースがありませんので平均値や中央値はデータを代表しているとはいえません。このような場合，2つの最頻値を参照したり，データを2つに分けたうえで代表値を計算しなおしたりします。左右非対称な分布の場合は，3つの代表値はそれぞれ別の値になります。(c)のように左に山がある場合は最頻値＜中央値＜平均値，(d)のように右に山がある場合は平均値＜中央値＜最頻値という大小関係になります。3つの代表値の差が大きい場合，平均値ではなく中央値や最頻値を参照するのが一般的です。

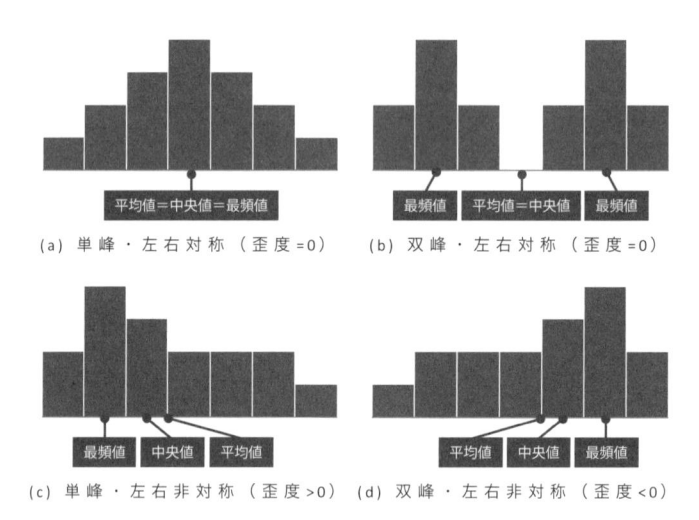

(a) 単峰・左右対称（歪度 =0）　　(b) 双峰・左右対称（歪度 =0）

(c) 単峰・左右非対称（歪度 >0）　(d) 双峰・左右非対称（歪度 <0）

図 4.2　代表値と分布

> 問　厚生労働省「国民生活基礎調査」をインターネットで検索し，日本における世帯年収の平均値と中央値の違いを調べてみよう。

4-3　散布度：データの散らばり具合

4-3-1　なぜ必要？

代表値はデータの散らばり具合を表現していないので，代表値が一致

4-3 散布度：データの散らばり具合

する2つのデータでも分布が全然違ったものになることがあります。

> 例　平均年齢25歳の2つのグループAとBの年齢構成を見比べてみてください。
>
> グループA：24, 25, 25, 25, 26
>
> グループB：16, 20, 29, 30, 30
>
> グループAは26 − 24 = 2歳の範囲▶に収まっているのに対し，グループBは30 − 16 = 14歳で後者のほうが散らばっています。

▶最大値―最小値で定義されます。

平均値を使ってこの散らばりを表現してみましょう。各値 x_i と平均値 $\bar{x}$ との差 $x_i - \bar{x}$ を**偏差**といいます。

> 例　各グループの偏差は以下のようになります。
>
> グループA：−1, 0, 0, 0, 1
>
> グループB：−9, −5, 4, 5, 5

偏差をグラフ化すると，各値と平均値とのズレということがわかります（図4.3）。統計モデルという観点からは，$\bar{x} = 25$ という簡単なモデルでデータを表そう考えたときに，モデルでは表現できなかった各観測値のズレ▶ということがいえます。

▶この考え方は，回帰分析や一般線形モデルのところで再登場します（13・16章参照）。

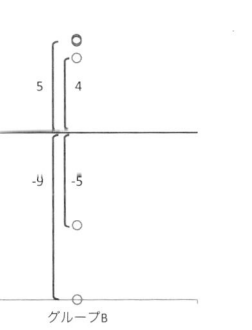

図4.3　偏差

4-3-2 分散・標準偏差

偏差で個々のズレを数値化できましたので，これを1つの値に集約しましょう。偏差の合計はかならず0になってしまいますので，マイナス偏差をプラスに変えるために2乗してから平均値を計算します。そうして求められる散布度の指標を**分散** s^2 といいます[▶]。

> ▶ 分散（variance）を短縮して Var と表記されることもあります。

$$s^2 = \frac{1}{N-1} \sum_{i=1}^{N} (x_i - \bar{x})^2$$

上の定義式では**偏差平方**[▶] $(x_i - \bar{x})^2$ の平均値なのに N ではなく $N-1$ で割っています。これは，$N-1$ で割るほうが「真の値」の推定値として適している[▶]という理由によります。統計的推測をするときに「分散」といえばこちらを指します。SPSS などの統計ソフトで出力されるのも基本的にはこちらです。

> ▶ 偏差の2乗をこのように呼ぶこともあります。
>
> ▶ 西内（2014）などを参照。

> 例　グループAとBの分散は以下のようになります。
> グループA：$(-1^2 + 0^2 + 0^2 + 0^2 + 1^2) \div (5-1) = 0.5$
> グループB：$(-9^2 + -5^2 + 4^2 + 5^2 + 5^2) \div (5-1) = 43.0$

分散は，偏差を2乗したことによって平均値からのズレが過度に大きくなり，元の単位が使えません。そこでこれにルートをつけて戻したものを**標準偏差** s といいます[▶]。

> ▶ 標準偏差（standard deviation）の頭文字をとって SD と表記されることもあります。レポートや論文では SD のほうが多くみられます。

$$s = \sqrt{s^2}$$

標準偏差はプラスの値をとり，大きいほど散らばりが大きいことを意味します。

> 例　グループAとBの標準偏差は以下のようになりますので，後者のほうが散らばっていることがわかります。
> グループA：$\sqrt{0.5} = 0.7$ 歳

グループ B：$\sqrt{43.0} = 6.6$ 歳

　グループ A と B の標準偏差は以下のようになりますので，後者のほうが散らばっていることがわかります。

$$\text{グループ A：} \sqrt{0.5} = 0.7 \text{ 歳}$$
$$\text{グループ B：} \sqrt{43.0} = 6.6 \text{ 歳}$$

　またデータが正規分布▶に従う場合，平均値を中心とした標準偏差の幅と含まれるデータの割合に決まった関係があります。特に以下の関係は標準偏差の実質的な解釈によく使われます（図 4.4）。

$\bar{x} \pm s$ の幅に約 7 割（68.3%）が含まれる
$\bar{x} \pm 2s$ の幅にほとんど（95.4%）が含まれる

▶図 4.4 のような単峰左右対称でつりがね型の分布です。数学的定義は割愛しますが，統計的推測ではもっとも重要な分布です（6 章参照）。

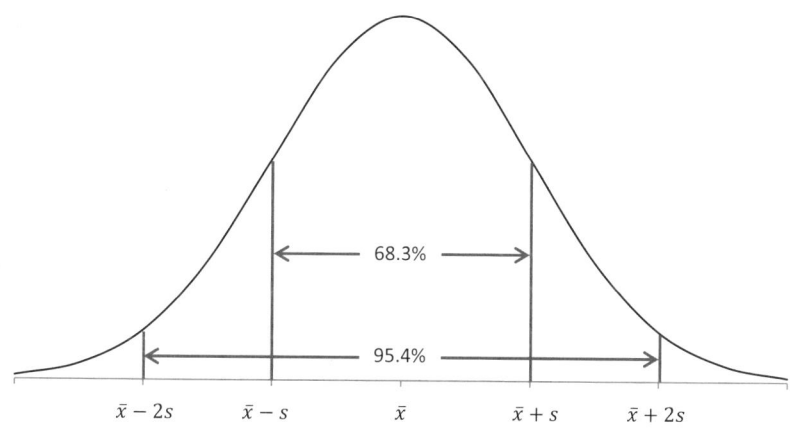

図 4.4　正規分布に従うデータと標準偏差

| 例 | 仮にグループ A と B の年齢が正規分布に従っていれば，68.3% のデータが含まれる範囲は以下のようになります。 |

$$\text{グループ A：} 25 - 0.7 = 24.3 \text{ 歳} \sim 25 + 0.7 = 25.7 \text{ 歳}$$
$$\text{グループ B：} 25 - 6.6 = 18.4 \text{ 歳} \sim 25 + 6.6 = 31.1 \text{ 歳}$$

> 問 グループAとBのそれぞれについて95.4%のデータが含まれる範囲を計算してみよう。

4-3-3 四分位範囲・四分位偏差

データを大小順に並べ4等分したとします。このとき下から1/4番目の値を**第1四分位数** Q_1，3/4番目の値を**第3四分位数** Q_3 といいます。2/4番目の値は真ん中なので中央値 Mdn です（図4.5）。

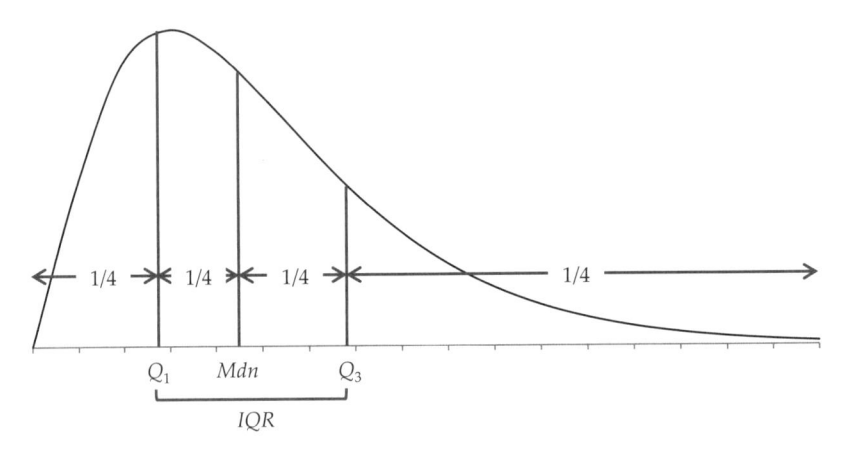

図4.5 四分位数と四分位範囲

▶四分位範囲(interquartile range) の頭文字をとって IQR と表記されることがあります。

ここから，第1～第3四分位の幅を**四分位範囲** IQR ▶といいます。

$$IQR = Q_3 - Q_1$$

▶四分位偏差（quartile deviation）の頭文字をとって QD と表記されることがあります。

また四分位範囲の半分を**四分位偏差** QD ▶といい，これが散布度に使われることもあります。

$$QD = \frac{IQR}{2}$$

四分位範囲や四分位偏差は，分布にかかわらず中央値を中心とした散

布度として以下のように解釈できます。

Mdn を中心として IQR の幅に半分が含まれる

$Mdn ± QD$ の幅に半分が含まれる

4-3-4　使い分け

　上記のなかでは標準偏差がもっともよく用いられます。ただし標準偏差や分散は，平均値を基準にしていることからもわかるように，はずれ値がなく正規分布に近いデータに適した指標です。そうでない場合は中央値を基準にしている四分位範囲・四分位偏差を参照します。

4-4　その他の記述統計量

4-4-1　歪度

　分布の非対称度，つまり左右に寄っている程度を表す指標に歪度 Sk があります。歪度にはいくつかの定義がありますが，SPSS では以下の定義が用いられます。

▶歪度（skewness）を略して Sk と表記されることがあります。

$$Sk = \frac{N}{(N-1)(N-2)} \sum_{i=1}^{N} \left(\frac{x_i - \bar{x}}{s} \right)^3$$

　$Sk = 0$ のとき左右対称，$Sk > 0$ のとき左寄り（右に歪んだ），$Sk < 0$ のとき右寄りの（左に歪んだ）分布であることを示します（図 4.2）。

4-4-2　尖度

　分布の尖っている程度を表す指標として尖度 Ku があります。尖度にもいくつかの定義がありますが，SPSS では以下の定義が用いられます。

▶尖度（kurtosis）を略して Ku と表記されることがあります。

$$Ku = \frac{1}{N} \sum_{i=1}^{N} \left(\frac{x_i - \bar{x}}{s} \right)^4 - 3$$

　$Ku = 0$ のとき正規分布と同じ，$Ku > 0$ のとき正規分布よりも鋭い，$Ku < 0$ のとき正規分布よりも鈍い尖り具合を表します。

4章

4-5 グラフでデータの特徴を捉える

4-5-1 ヒストグラム

▶階級といいます。
▶3章参照。

　量的変数をいくつかのカテゴリ▶に括り，そのなかの度数▶を棒グラフで表したものを**ヒストグラム**といいます（図4.6）。ヒストグラムをみれば，分布の形やはずれ値を確認することができます。どの記述統計量や分析手法を用いるのが適切か判断する際に確認しましょう。

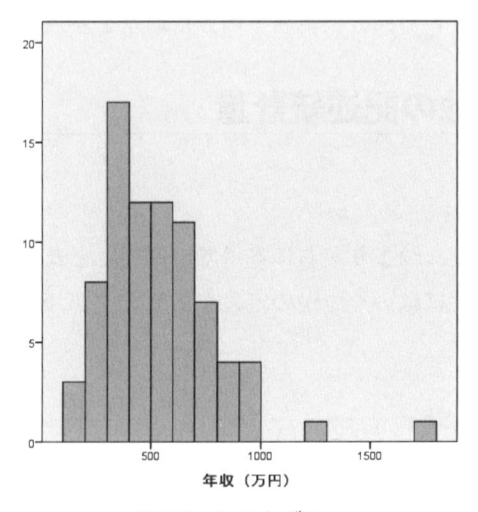

図4.6　ヒストグラム

4-5-2 箱ひげ図

　中央値や四分位数をグラフ化したものに**箱ひげ図**があります（図4.7）。これもデータの分布やはずれ値の確認に用いられます。

　SPSSでは，ひげ「┬」「┴」の部分は四分位数から $\pm 1.5 \times IQR$ はずれた範囲を示します。その範囲よりもはずれにある値は「○」，さらに $\pm 3 \times IQR$ よりもはずれにある値は「*」で表示されケース番号が振られますので，はずれ値を判断したり削除する際に便利です。

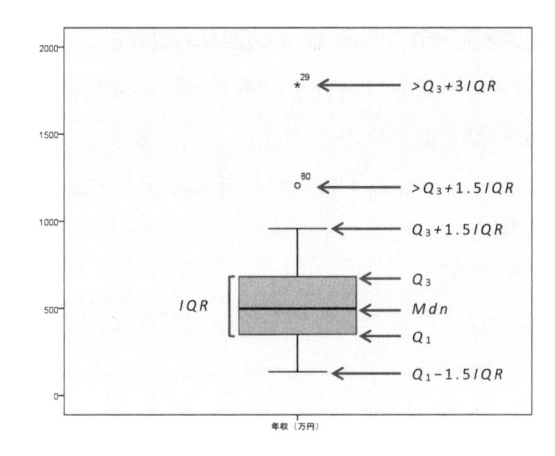

図 4.7　箱ひげ図

4-5-3　正規 Q-Q プロット▶

　変数が正規分布に従う場合の期待値を対角線で表し，実際の値との一致度をみるグラフです。データが正規分布に近いかどうか判断するときに参照し，データが対角線上に並んでいるとき正規分布に従っていると判断します。

▶分位数（quantile）の頭文字をとって Q-Q プロットといいます。

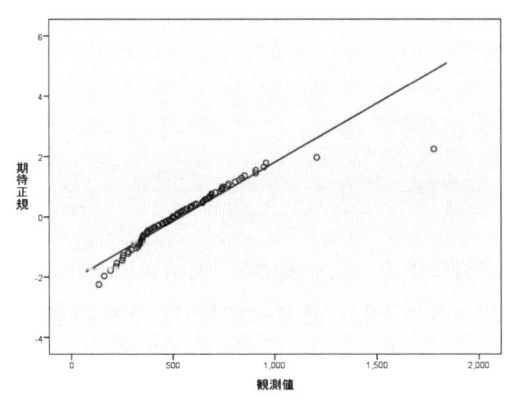

図 4.8　正規 Q-Q プロット

4-6 非正規分布やはずれ値の処理

データが正規分布からかけ離れていたり，データにはずれ値が含まれていると平均値や標準偏差ばかりではなく，さまざまな分析手法の結果にバイアスがかかります。以下のような対処方法が考えられます。

① はずれ値を除く。

▶5章参照。

② 変数変換▶をする。

③ 非正規分布やはずれ値があっても偏った結果を出さない分析手法を用いる。

4-7 SPSSの手順① (データ 年収調査.sav)

▶［分析］—［記述統計］—［記述統計］でも記述統計量を出力することができます。ただし，記述統計量の種類が［探索的］よりも少ないです。

① ［分析］—［記述統計］—［探索的］▶

② ［従属変数］ボックスに出力したい変数を投入。

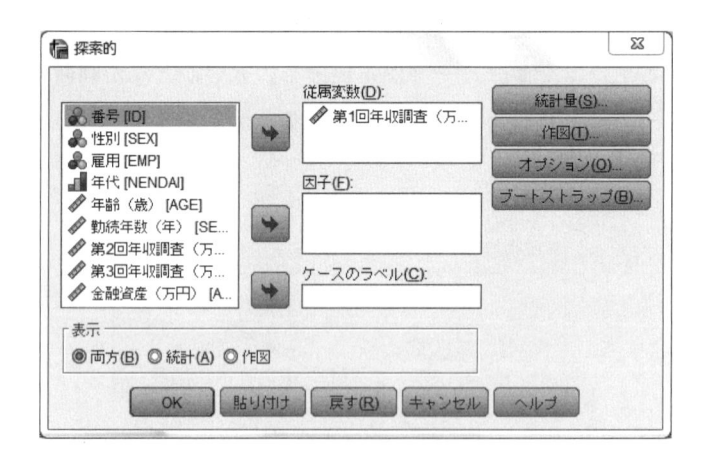

> （グループ別に出力したい場合）［因子］にグループ変数を投入。

③ 統計量 をクリックし，必要に応じて以下を設定して 続行

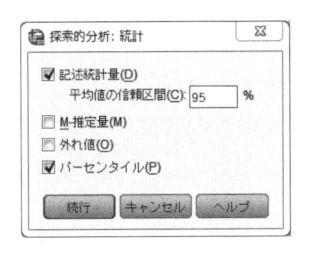

➢ （四分位数を出力したい場合）統計量 をクリックし，[パーセンタイル▶] にチェック。

④ 作図 をクリックし，必要に応じて以下を設定して 続行

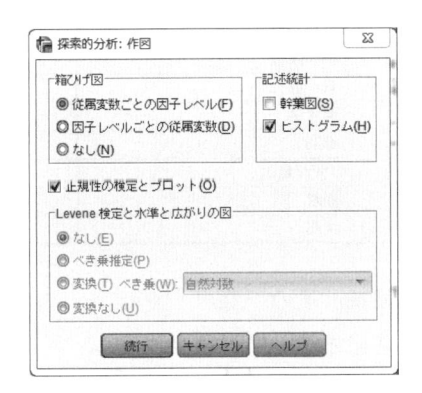

▶データを大小順に並べたとき，小さいほうから数えて全体の何％に位置するか表す数を**パーセンタイル**といいます。第1四分位数＝25，中央値＝50，第3四分位数＝75パーセンタイルになります。

➢ （ヒストグラムを出力したい場合）[ヒストグラム] にチェック。
➢ （正規性の検定やQ-Qプロットを出力したい場合）[正規性の検定とプロット] にチェック。

⑤ 必要な設定を終えたら OK

- 「ケース処理の要約」：処理された／されなかったケース数。

ケース処理の要約

	ケース					
	有効数		欠損値		合計	
	度数	パーセント	度数	パーセント	度数	パーセント
第1回年収調査（万円）	80	100.0%	0	0.0%	80	100.0%

- ➢ 「有効数」：処理されたケースの数とパーセンテージ。
  - ➢ 「欠損値」：処理されなかったケースの数とパーセンテージ。
  - ➢ 「合計」：有効数と欠損値の合計。
- 「記述統計」：

記述統計

		統計量	標準誤差
第1回年収調査（万円）	平均値	513.50	22.868
	平均値の95%信頼区間 下限	467.98	
	上限	559.02	
	5%トリム平均	509.28	
	中央値	496.96	
	分散	41837.363	
	標準偏差	204.542	
	最小値	135	
	最大値	958	
	範囲	823	
	4分位範囲	329	
	歪度	.287	.269
	尖度	-.769	.532

  - ➢ 「統計」：各記述統計量の一覧。
  - ➢ 「標準誤差」：各記述統計量の標準誤差▶。 ▶6章参照。
- 「パーセンタイル」：統計量 で ［パーセンタイル］ にチェックすると出力される。

パーセンタイル

		パーセンタイル						
		5	10	25	50	75	90	95
重み付き平均(定義1)	第1回年収調査（万円）	206.61	252.48	349.83	496.96	678.97	804.13	903.37
Tukeyのヒンジ	第1回年収調査（万円）			349.90	496.96	676.57		

  - ➢ 「重み付き平均」：「25」は第1四分位数，「50」は中央値，「75」は第3四分位数。
  - ➢ 「Tukey▶のヒンジ」：四分位数の簡便な求め方で，「25」は中央値以下のデータのおける中央値，「75」は中央値以上のデータにおける中央値。 ▶Tukey（テューキー）。
- 「正規性の検定」：作図 で ［正規性の検定とプロット］ にチェックす

ると出力される。

正規性の検定

	Kolmogorov-Smirnov の正規性の検定 (探索的)[a]			Shapiro-Wilk		
	統計	自由度	有意確率.	統計	自由度	有意確率.
第1回年収調査（万円）	.085	80	.200[*]	.974	80	.098

*. これが真の有意水準の下限です。
a. Lilliefors 有意確率の修正

- > 「Kolmogorov-Smirnov ▶ の正規性の検定」：帰無仮説「母集団は正規分布に従う」の検定。「有意確率」が大きければ（$p \geq .05$ など），帰無仮説が正しいと判断する▶。
- > 「Shapiro-Wilk ▶」：Kolmogorov-Smirnov 検定と同様。
- 「ヒストグラム」：作図 で［ヒストグラム］にチェックすると出力される。

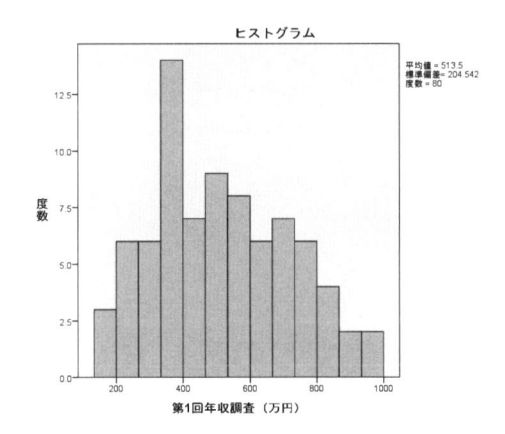

▶Kolmogorov-Smirnov（コルモゴロフ - スミルノフ）。

▶母集団分布に関する Kolmogorov-Smirnov 検定をベースにした正規性の Lilliefors（リリーフォース）検定の結果が出力されます。母集団を推測する方法については 5 章参照。
▶Shapiro-Wilk（シャピロ - ウィルク）。

ヒストグラム

平均値 = 513.5
標準偏差 = 204.542
度数 = 80

第1回年収調査（万円）

- 「正規 Q-Q プロット」：作図 で「正規性の検定とプロット」にチェックすると出力される。

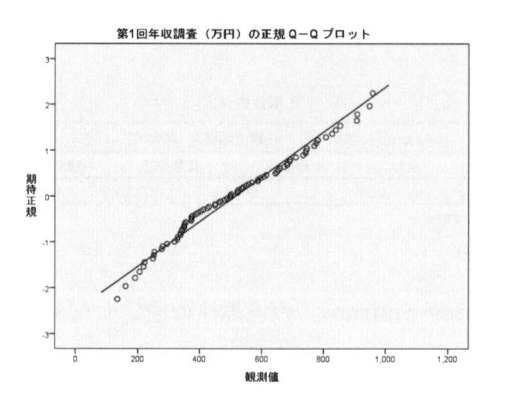

- 「箱ひげ図」：

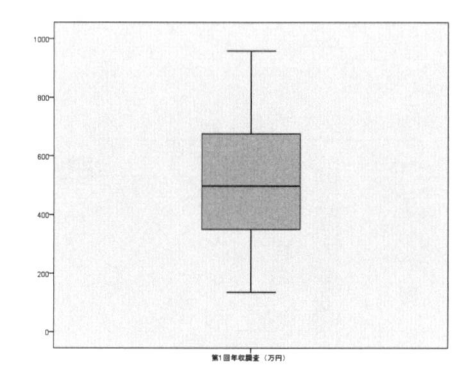

4-8　レポート・論文での示し方

4-8-1　示すべき情報

平均値（M），標準偏差（SD），ケース数（N）

必要に応じて▶，中央値（Mdn），四分位範囲（IQR）または四分位偏差（QD），最大値（Max），最小値（Min），歪度（Sk）など

▶データが正規分布に近い場合は平均値と分散・標準偏差．そうでない場合は中央値と四分位範囲・四分位偏差をセットで報告しましょう。

4-8-2 提示例

社員（$N = 80$）の年収を調査したところ，$M = 513.5$ 万円，$SD = 204.5$ 万円であった。

4-9 標準化

4-9-1 異なる変数の値を比較する

平均値や標準偏差が異なる変数をそのまま比較するのは適切でありません。平均値が異なれば値の意味も異なり，標準偏差が異なれば偏差の意味も異なるからです。

そのような場合，特定の平均値・標準偏差▶に標準化し，各値を比較できるようにします。標準化すれば，最小・最大が何点でも，単位が異なっても比較可能になります。

▶平均値 0，標準偏差 1 が多いです。

> 問　Aさんの得意科目はなんでしょう。

表 4.2　期末試験の結果

科目	Aさんの得点	クラスの平均点	クラスの標準偏差
英語	86	90	8
国語	67	53	10
数学	44	30	5

4-9-2 標準得点

標準化された各値 x_i を**標準得点** z_i といい，以下のように計算します。

$$z_i = \frac{x_i - \bar{x}}{s}$$

つまり偏差÷標準偏差▶ですから，平均値から標準偏差何個ぶんズレているかを意味します。標準得点は，平均値0，標準偏差1になります。正

▶標準得点×10＋50と計算してわかりやすいかたちに変換したものがお馴染みの**偏差値**です。偏差値の平均値は50，標準偏差は10になります。

4章

▶平均値 0, 標準偏差 1 の正規分布を**標準正規分布**といいます。この分布は統計的推測によく用いられます（6章参照）。

規分布に従う場合，各標準得点の位置は以下のように解釈できます。

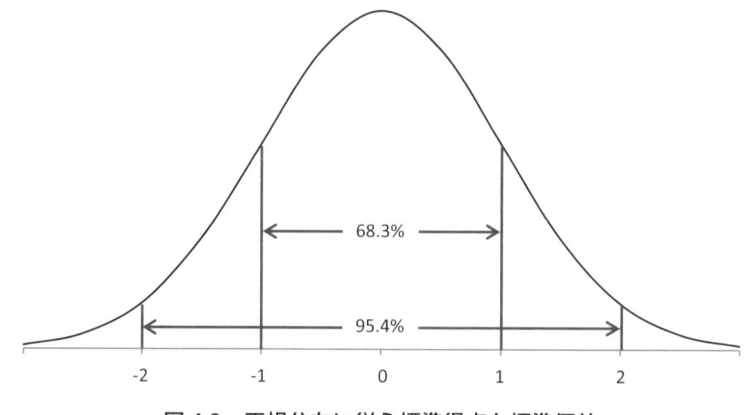

図 4.9　正規分布に従う標準得点と標準偏差

> 問　表 4.2 をもとに A さんの標準得点を計算し，得意科目を当てよう。

4-10　SPSS の手順② (データ 年収調査.sav)

① ［分析］―［記述統計］―［記述統計］
② 標準化したい変数を［変数］ボックスに入れ［標準化された値を変数として保存］にチェックし OK

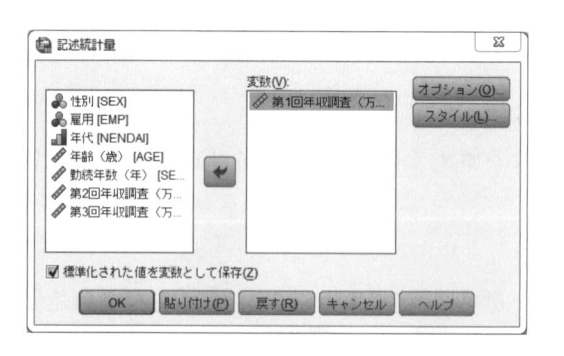

- 変数名「Z〜」という標準得点が新しい変数として追加される。

4章

まとめ

- 記述統計量はデータの特徴を表す数値であり，データの中心を表す代表値，散らばり具合を表す散布度などがある。
- データが正規分布に近い場合によく使われる代表値は ① ，散布度は ② である。
- データが正規分布からかけ離れている場合，代表値として ③ ，散布度として ④ を用いる。
- 平均値0,標準偏差1の標準得点は ⑤ ÷ ⑥ で計算できる。

練習問題（データ 年収調査.sav）

① 「金融資産」の記述統計量を出力し，分布やはずれ値を検討しよう。
② ［ケースの選択▶］機能を使い，はずれ値を除いたデータの記述統計量を出力しよう。
③ 任意のグループ別に記述統計量を出力し，比較検討しよう。

▶3章参照。

5章 変数の加工
効果的な分析をするために

5-1 考え方

5-1-1 変数加工の種類

実際のデータ分析では，よりよい結果を得るためにローデータに対してさまざまな加工を加えます。表5.1は，4分類（加工前後に質的／量的変数かどうか）のそれぞれについてよく用いられる加工方法まとめたものです。

表 5.1 変数加工の種類

		加工後	
		質的変数	量的変数
加工前	質的変数	①カテゴリ統合 ②ダミー変数化 ③変数合成（質的）	⑤数量化 ⑥変数合成（量的）
	量的変数	④カテゴリ化	⑦標準化 ⑧変数変換

5-1-2 質的変数 → 質的変数

①カテゴリ統合

複数のカテゴリを1つにまとめる方法です。カテゴリが多すぎてわかりにくいときやクロス集計でセル度数が小さすぎるときに使われます▶。ただし，情報量が失われるというデメリットがあります。

▶3章参照。

> 例 1. 満足・2. やや満足・3. やや不満・4. 不満 → 1. 満足（満足＋やや満足）・2. 不満（やや不満＋不満）

②ダミー変数化

質的，または量的▶変数から0/1の値をとるダミー変数を作成する方法です。元変数が質的な場合，関心のあるカテゴリ＝1，それ以外のカテゴリ＝0とコーディングします。元変数が量的な場合，関心のある値の範囲＝1，それ以外の範囲＝0とします。重回帰分析によく用いられます▶。

▶情報量の観点からいえば質的変数は量的変数の特殊ケースなので，量的変数からでも作成できます（1章参照）。

▶14章参照。

> 例　年代：2. 20代・3. 30代・4. 40代・5. 50代 → 40代ダミー：1. 40代・0. それ以外の年代

> 例　年齢：20 ～ 59歳 → 45歳以上ダミー：1. 男性45歳以上・0. それ以外

③変数合成（質的）

複数の変数を組み合わせて新しいカテゴリをつくる方法です。クロス集計や分散分析などで変数の数を減らして分析を単純化するために使われることがあります。

> 例　性別：1. 男性・2. 女性，雇用：1. 正規・2. 非正規 → 性別雇用：1. 男性正規・2. 男性非正規・3. 女性正規・4. 女性非正規

5-1-3　量的変数 → 質的変数

④カテゴリ化

量的変数をいくつかの階級に区分する方法です。値の幅，パーセンタイルや四分位数，平均値±標準偏差などで区分する方法があります。

> 例　年齢：20 ～ 59歳→年代：2. 20代・3. 30代・4. 40代・5. 50代

5-1-4　質的変数 → 量的変数

⑤数量化

質的変数の各カテゴリに数量を割り当てる方法です。順序データを便宜的に量的変数として扱うときに使われます▶。

▶1 章参照。

> 例　満足度：1. 満足・2. やや満足・3. やや不満・4. 不満 → 満足度得点：4. 満足・3. やや満足・2. やや不満・1. 不満

> 例　学歴：1. 中卒・2. 高卒・3. 専門卒・4. 短大卒・5. 四大卒 → 教育年数：9. 中卒・12. 高卒・14. 専門卒・14. 短大卒・16. 四大卒

⑥変数合成（量的）

複数の順序データの合計や平均値を計算する方法です。これも順序データを便宜的に量的変数として扱うときに使われます。因子分析後の尺度作成などによく使われます▶。

▶17 章参照。

> 例　複数の満足度項目 → 合計満足度得点

5-1-5　量的変数 → 量的変数

⑦標準化

特定の平均値や標準偏差に変換する方法です▶。測定単位の影響を除去して他の変数との比較に使われます。

▶4 章参照。

> 例　テストの点数 → 偏差値

⑧変数変換

特定の関数を使って量的変数を変換する方法です。分析の前提条件に

則した形に分布を補正するために使われます。特に右に歪んだ分布のデータが得られる機会が多いため，**対数変換**や **Box-Cox** ▶**変換**などでそれを正規分布に近づけることが多いです（図5.1）▶。

▶ Box-Cox（ボックス - コックス）。
▶ 他にも多くの関数による変数変換があります。

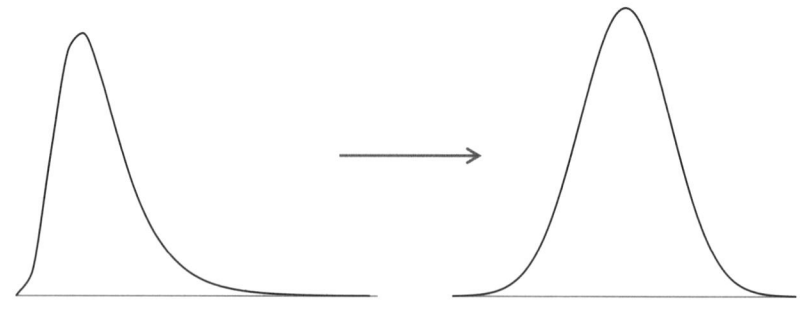

図 5.1　右に歪んだ分布の変数変換

対数変換は元の変数 x に対して自然対数 $\ln x$ や常用対数 $\log_{10} x$ をとる方法です。Box-Cox 変換は，$\lambda \neq 0$ のとき $\dfrac{1}{\lambda}(x^\lambda - 1)$，$\lambda = 0$ のとき自然対数変換 $\ln x$ とする方法で，正規分布に近づくように λ を決めます▶。ただし，分析結果が解釈しにくくなるというデメリットがあります。

▶ $\lim\limits_{\lambda \to 0} \dfrac{1}{\lambda}(x^\lambda - 1) = \ln x$ なので Box-Cox 変換は対数変換の一種と考えられます。

|例| 金融資産 x → 常用対数変換 $\log_{10} x$

5-2　SPSS による変数の加工（データ 年収調査 .sav）▶

▶ データの加工に関してはシンタックスを使うほうが効率的な場合があります。使い方は酒井（2011）などを参照してください。

5-2-1　値の再割り当て

各変数の値に別の値を割り当てて再コーディングし，新しい変数として保存できます。①カテゴリ統合，②ダミー変数化，③変数合成（質的），④カテゴリ化，⑤数量化に便利です。

5-2 SPSSによる変数の加工

> 例　年代：2. 20代・3. 30代・4. 40代・5. 50代 → 年代2区分：
> 3. 30代以下・4. 40代以上

① ［変換］─［他の変数への値の再割り当て▶］
② 再コーディングしたい変数を［数値型変数 ->出力変数］ボックスに入れ，［変換先変数］の［名前］に変数名，［ラベル］に変数ラベルを入力して 変更

▶［同一の変数への値の再割り当て］を選ぶと既存の変数に上書きされるため，通常は［他の変数への値の再割り当て］だけを使います。

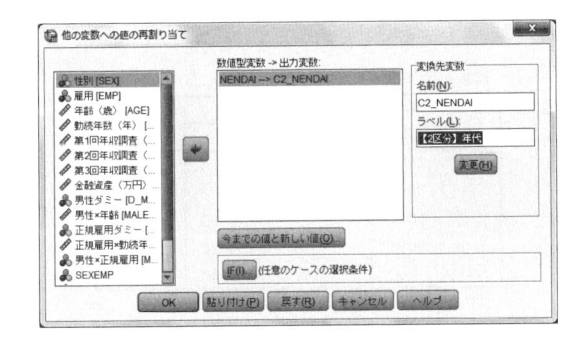

③ 今までの値と新しい値 をクリック，［今までの値］と［新しい値▶］を定義して 追加 を必要なだけ繰り返して 続行

▶新しい値を定義されなかった今までの値はシステム欠損値に変換されます。

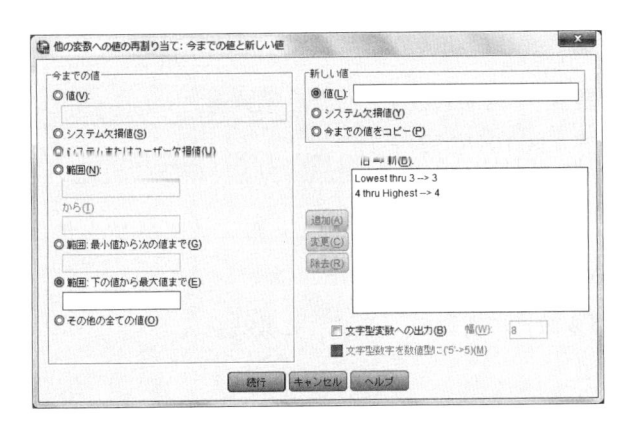

④ （変数ビューで値ラベルをつける）。

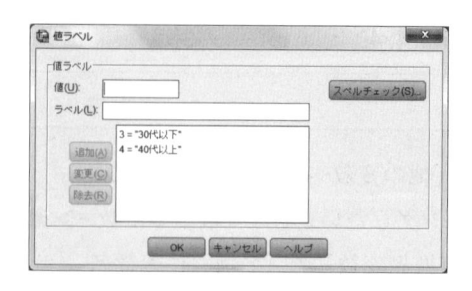

⑤ 加工前後の変数でクロス集計を行い確認する▶。

年代 と 年代2区分 のクロス表

度数

		年代2区分		合計
		30代以下	40代以上	
年代	20代	20	0	20
	30代	20	0	20
	40代	0	20	20
	50代	0	20	20
合計		40	40	80

▶単純集計やクロス集計などで変換前後を確認することは必須の作業です。

5-2-2 変数の計算

既存の変数を数式や関数で加工し，新しい変数として保存できます。工夫次第でさまざまな変数加工に活用できます。

| 例 | 金融資産 → 常用対数をとった金融資産
計算式：LG10(ASSET＋1)▶ |

① ［変換］―［変数の計算］
② ［目標変数］に変数名，［数式］に数式を入力▶。

▶LG10( )は常用対数を表す関数です。元変数で0のケースが対数変換すると欠損値になるため便宜的に＋1しています。

▶変数名は左のボックス，数式は電卓ボタン，関数は［関数グループ］［関数と特殊変数］を入力に利用できます。なお，元変数の欠損値はシステム欠損値に変換されます。

5-2 SPSSによる変数の加工

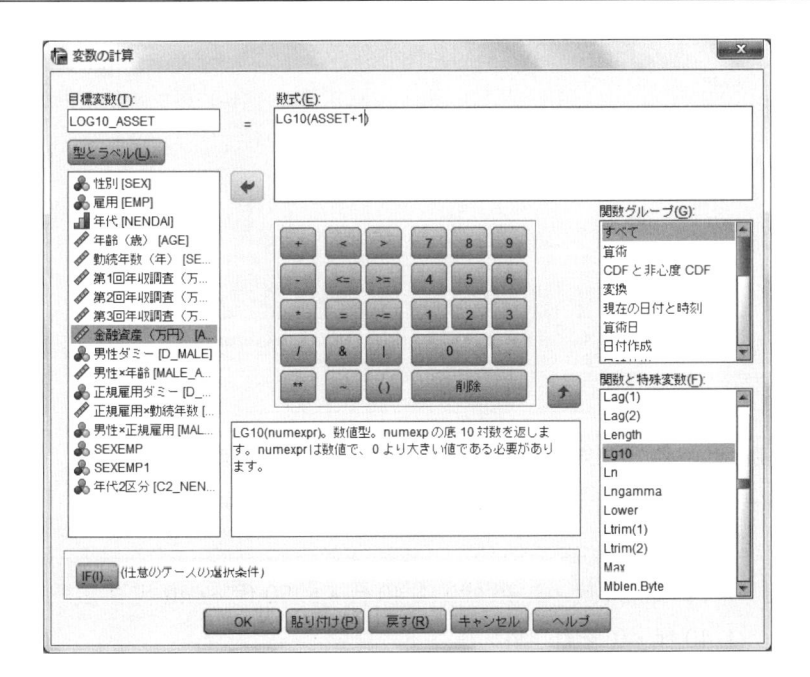

③ （変数ラベルをここで指定したい場合）型とラベル をクリックし，［ラベル］に入力して 続行

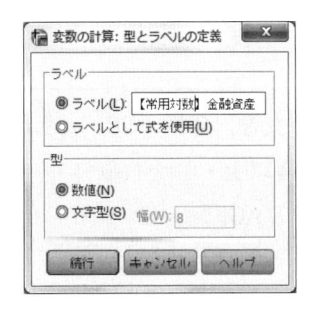

④ 必要な設定を終えたら OK
⑤ （変数ビューで値ラベルをつける）。
⑥ 加工前後の変数のヒストグラムを確認する▶。

▶分布を補正する変数変換をしているので，ここではヒストグラムを確認します。

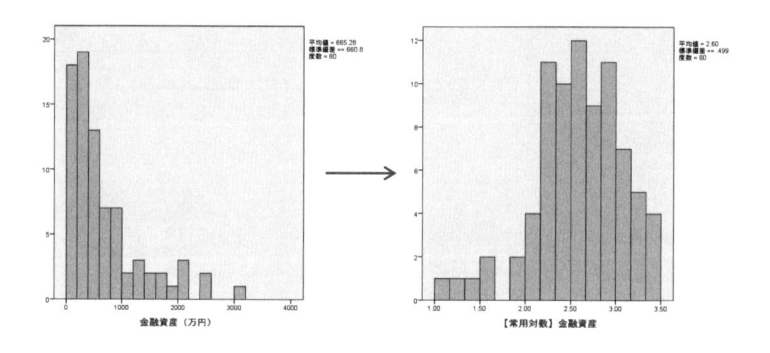

［変数の計算］で条件式を入力して，条件に当てはまる場合＝1，それ以外＝0とする②ダミー変数化を行うこともできます。

> 例　年代：2. 20代・3. 30代・4. 40代・5. 50代 → 40代ダミー：
> 1. 40代・0. それ以外
> 条件式：NENDAI = 4

また，ANDやORで複数の条件を組み合わせたダミー変数を作成することもできます。

> 例　性別：1. 男性・2. 女性，年齢：20〜59歳 → 男性45歳以上ダミー：1. 男性45歳以上・0. それ以外
> 条件式▶：SEX = 1 & AGE＞= 45

▶ANDは"&"，ORは"|"記号を使います。

5-2-3　出現数の計算

任意の変数に任意の条件を指定して，条件に当てはまる＝1，それ以外＝0とする②ダミー変数化を行うことができます。複数の変数に複数の条件を指定することもできます。ただし複数の条件を指定した場合，ダミー変数ではなく1, 2, 3, …という値をとる変数が作成されます。たとえば条件が2つの場合，どの条件にも当てはまらない＝1，条件1つに当てはま

る＝2，条件2に当てはまる＝3といった変数が作成されます。

> 例　年齢：20〜59歳 → 35歳未満ダミー：1.35歳未満・0.それ以外

① ［変換］─［出現数の計算］
② ［目標変数］に変数名，［目標変数のラベル］に変数ラベルを入力。
③ 左のボックスから変数を選んで［数値型変数］ボックスに投入し［値の定義］

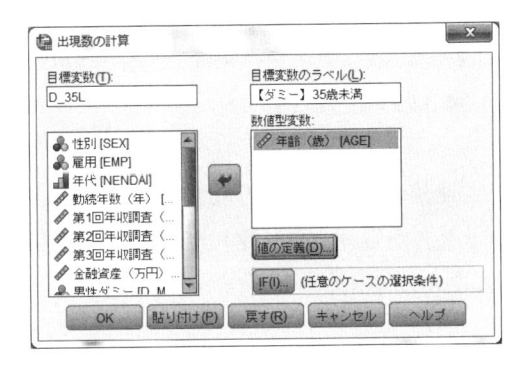

④ ［値］で値を指定して［追加］を必要なだけ繰り返して［続行］

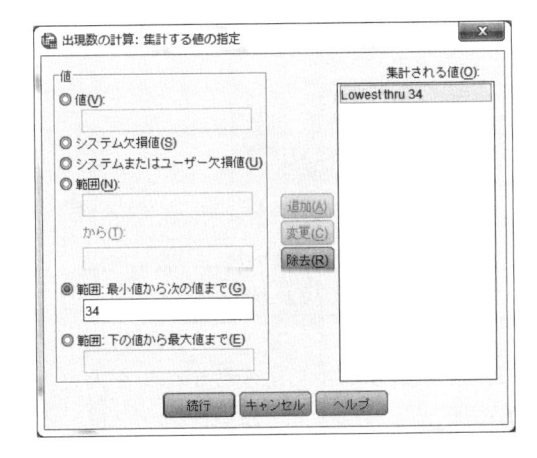

⑤ 必要な設定を終えたら［OK］

⑥ （変数ビューで値ラベルをつける）。
⑦ 加工前後の変数でクロス集計を行い確認する。

5-2-4 連続変数のカテゴリ化

量的変数を④カテゴリ化して質的変数に加工することができます。値の幅，パーセンタイル，平均値と標準偏差といった3つの基準でカテゴリ化することができます。

> 例 金融資産 → 四分位数で4区分した金融資産：1. 第1四分位数未満・2. 第1四分位数以上中央値未満・3. 中央値以上第3四分位数未満・4. 第3四分位数以上

① ［変換］—［連続変数のカテゴリ化］
② ［変数］ボックスからカテゴリ化したい変数を選んで［ビン分割する変数］に投入し 続行

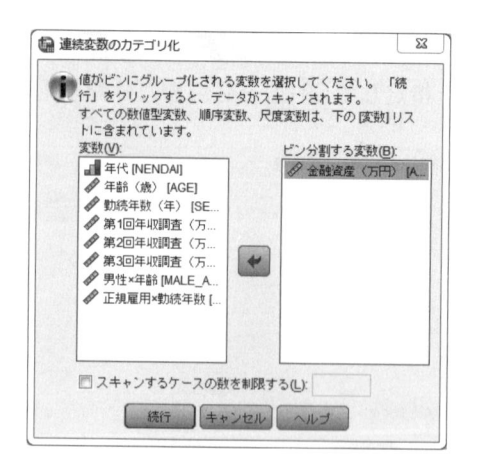

③ ［名前］に変数名，［ラベル］に変数ラベルを入力。
④ 分割点の作成 をクリックし，必要に応じて以下を設定して 続行

5-2 SPSSによる変数の加工

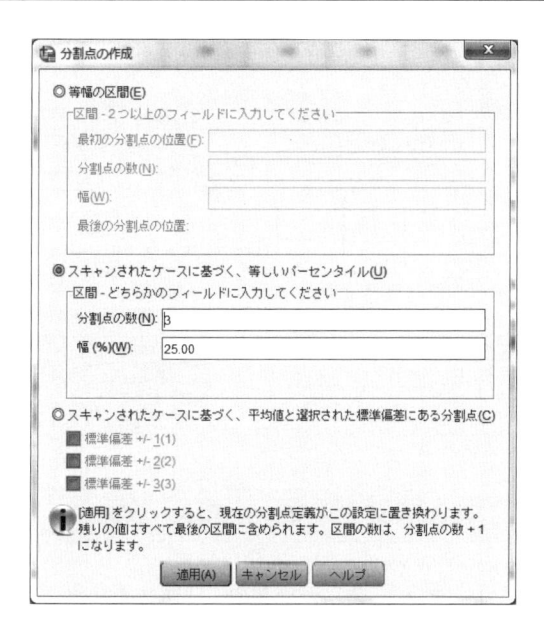

- （値を等間隔に分割したい場合）［等幅の区間］を設定▶。
- （パーセンタイルで分割したい場合）［スキャンされたケースに基づく，新しいパーセンタイル］を設定▶。
- （平均値と±1～3×標準偏差で分割したい場合）［スキャンされたケースに基づく，平均値と選択された標準偏差にある分割点］を設定
⑤ （各カテゴリの上限に分割点を含めたくない場合）［終点の上限］の［除外する▶］を選択。
⑥ （値ラベルを自動作成▶したい場合）　ラベルの作成　をクリック。

▶［最初の分割点］［分割点の数］［幅］のうち2つを設定すると残り1つは自動入力されます。

▶［分割点の数］［幅(%)］のうち1つを設定すれば残り1つは自動入力されます。四分位数で分割したい場合は［分割点の数］を3にします。

▶［含める］と「○○より大きく××以下」,［除外する］と「○○以上×× 未満」というカテゴリが作成されます。

▶［ラベル］に直接入力することもできます。

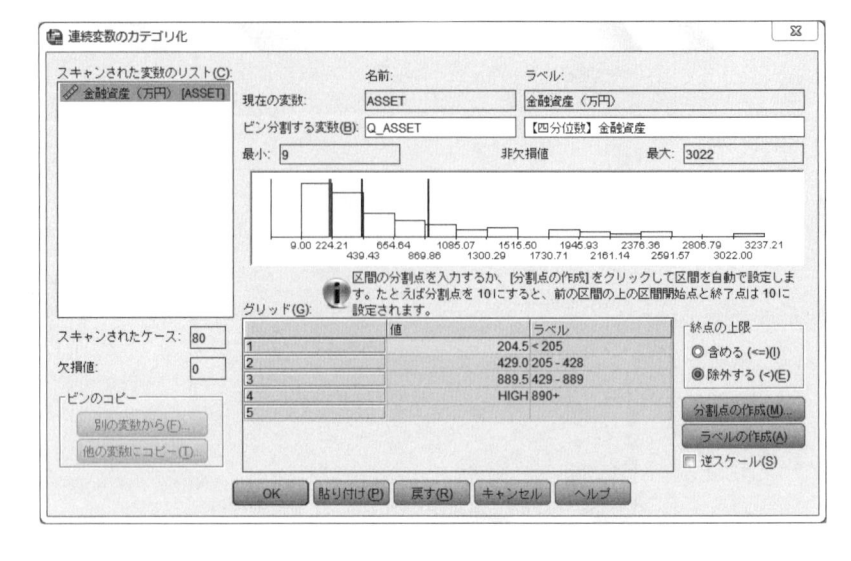

▶4. 第1四分位数未満・3. 第1四分位数以上中央値未満・2. 中央値以上第3四分位数未満・1. 第3四分位数以上,とコーディングされます。

⑦ （降順▶にコーディングしたい場合）［逆スケール］にチェック。

⑧ 必要な設定を終えたら OK

⑨ 加工前後の変数でクロス集計を行い確認する。

まとめ

- 実際のデータ分析では，効果的な結果を得るために変数をさまざまな形に加工する。
- 質的変数を重回帰分析などのより高度な分析に投入する際に 0/1 の値をとる ① を作成する。
- 量的変数の分布の形を補正したい場合 ② を行う。
- 元変数の値を再コーディングする場合 ③ 機能を使う。
- 計算式や条件式を利用して変数加工をする場合 ④ 機能を使う。

練習問題 （データ 年収調査.sav）

① 「勤続年数」から 10 年区切り 5 カテゴリの変数を作成しよう。
② 「第1回年収調査」を中央値と四分位数で4分割した変数を作成しよう。
③ ②の各カテゴリ＝1 とするダミー変数を作成しよう。
④ 「年齢」50 歳以上，または「勤続年数」30 年以上＝1 とするダミー変数を作成しよう。

6章 統計的推測
集めたデータの特徴を一般化する

6-1 目的

4章では収集されたデータの特徴をさまざまな指標で記述しましたが、今度はそれを一般化することを考えます。収集されたデータは大きな集団の一部と考えられます。このとき大きな集団を**母集団**、収集されたより少数のデータを**標本**、母集団から標本を選ぶことを**標本抽出**といいます（図6.1）。

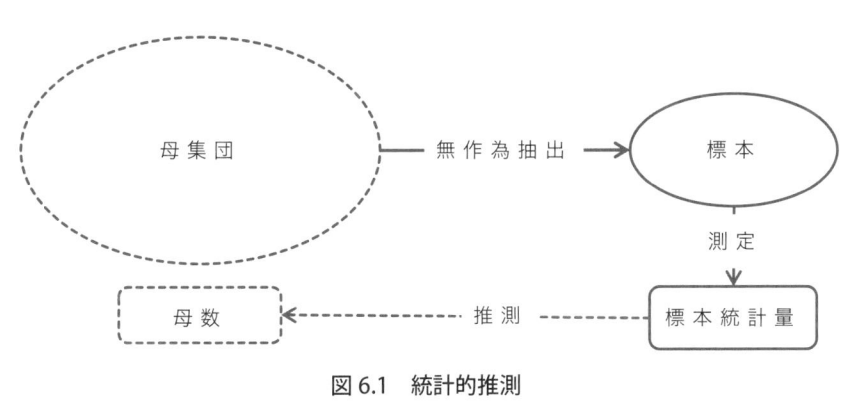

▶標本（sample）なのでそのまま**サンプル**ともいいます。同様に標本抽出(sampling)を**サンプリング**ともいいます。

図 6.1 統計的推測

統計学では、抽出された標本の特徴を測定し、そこから母集団の特徴を推測します。このとき標本の特徴を**標本統計量**、母集団の特徴を**母数**といいます。

▶具体的な母数は標本統計量と区別するために、母平均 μ、母比率 π、母分散 σ^2 など頭に「母」をつけます。また、記号はギリシャ文字が使われることが多いです。

> 例 日本国民から抽出された 1,000 人の平均年収を計算し、そこから日本国民の平均年収を推測。

6-2 考え方

6-2-1 発想を転換する

データ自体の特徴を明らかにすることを目的とするアプローチを**記述統計学**，データから母集団を推測することを目的とするアプローチを**推測統計学**といいます。前者では収集されたデータから計算された平均値や標準偏差がすべてですが，後者ではその平均値や標準偏差が今回たまたま出現したものと考えます（図6.2）。これは抽出された標本しだいで標本統計量が変わってくるからです。

記述統計学
- 収集されたデータの統計が唯一の真実

推測統計学
- 収集されたデータの統計はたまたま出現した値
- 母数が唯一の真実

図 6.2 発想の転換

> 例　上の 例 で日本国民から抽出された1,000人がたまたま富裕層だった場合，平均年収が日本国民全体の平均よりもだいぶ高くなるでしょう。

6-2-2 標本誤差

標本統計量をもとにした母数の推定値は標本抽出の具合によって母数と近かったり遠かったり必ずズレをともないます。このとき，母数と標本統計量とのズレを**標本誤差**といいます。標本統計量と母数の関係は以下のように定式化できます。

▶標本誤差（sampling error）なので**サンプリング誤差**ともいいます。

$$標本統計量 = 母数 + 標本誤差$$

抽出方法は**無作為抽出**▶が前提です。「無作為」は「母集団のどの要素も同じ確率で選ぶ」という意味です。無作為抽出することによって，標本誤差のあらわれ方に法則性がみられるので，それを利用して母数を推測します。

▶無作為抽出（random sampling）なので**ランダム・サンプリング**ともいいます。

6-2-3 標準誤差

標本平均から母平均を推測します。平均 μ，分散 σ^2 の母集団から標本のデータ数＝**サンプルサイズ**▶N の標本を何回も繰り返し無作為抽出して各標本の平均値 $\bar{x}_1, \bar{x}_2, \cdots$ を測っていくと，それらは平均値が母平均と同じ μ，分散が母分散をサンプルサイズで割った $\dfrac{\sigma^2}{N}$ の正規分布に従います（図 6.3）▶。

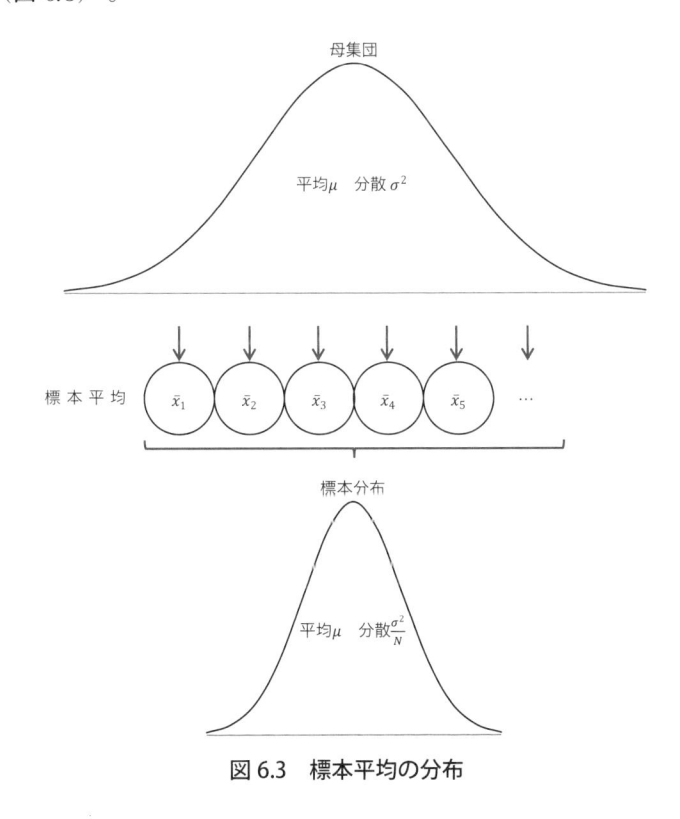

▶**標本の大きさ**や**標本規模**とも訳されます。**標本数**や**サンプル数**という紛らわしいいい方もされます。というのも，標本は抽出された1個の集まりを指しますので，標本数というと本来は複数の集まりを意味するからです。

▶本書では標本分布の理解に必要な**確率変数**や**確率分布**の解説を省略しています。山田・村井（2004）などを参照してください。

図 6.3　標本平均の分布

このとき母集団には正規分布が想定されていますが，サンプルサイズ N が大きければ，以下の**中心極限定理**が成り立ちます。

母集団がどのような分布であっても，

標本平均の分布は平均 μ，分散 $\dfrac{\sigma^2}{N}$ の正規分布に近づく

以上から，1回だけ無作為抽出した標本平均 $\bar{x}$ は母平均 μ に近くなることが期待されますし，その周りを分散 $\dfrac{\sigma^2}{N}$ で散らばることがわかります。標本統計量 = 母数 + 標本誤差の形で示せば以下のようになります。

$$\bar{x} = \mu + e$$

ここで標本誤差 e は，平均 0，分散 $\dfrac{\sigma^2}{N}$ の正規分布に従うことになります。標本平均の散らばりであり，標本誤差の散らばりでもある**標準偏差**▶ $\dfrac{\sigma}{\sqrt{N}}$ を，平均値の**標準誤差**▶ SE といいます。通常，母標準偏差 σ はわからないので，実際は標本標準偏差 s を推定値として代用します。

$$SE = \dfrac{s}{\sqrt{N}}$$

▶ 分散 $\dfrac{\sigma^2}{N}$ の平方根です。

▶ 標準誤差（standard error）の頭文字です。

分母にサンプルサイズ N がありますので，それを大きくすれば誤差が小さくなり，推測の精度が増します。

> 問 25人の標本を4倍に増やせば，標準誤差は何分の1になるでしょうか。

6-2-4 標本分布

標本平均は平均 μ，分散 $\dfrac{\sigma^2}{N}$ の正規分布に従うことがわかりましたが，

実際の統計的推測ではさまざまな分布に従う標本統計量が用いられます。それらの標本分布を利用して，収集されたデータがどれくらいの確率であらわれるのか計算します。

標準正規分布：標準得点 $z = \dfrac{\bar{x} - \mu}{\sigma/\sqrt{N}}$ が従う分布です（図 6.4）。前述した標本平均の分布を標準化したものです。

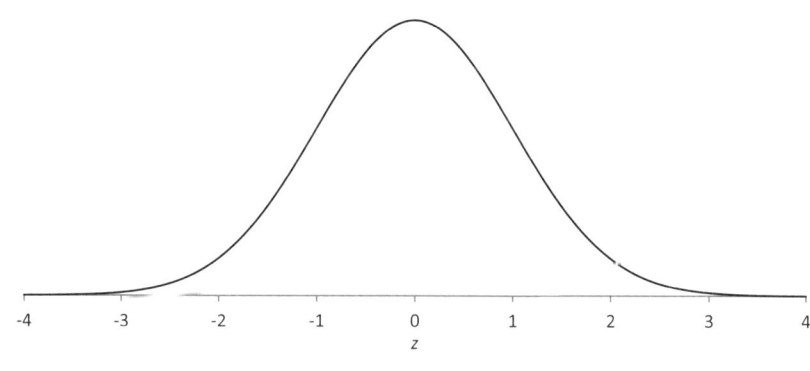

図 6.4　標準正規分布

t 分布：$t = \dfrac{\bar{x} - \mu}{s/\sqrt{N}}$ が従う分布です（図 6.5）[▶]。標準得点 $z = \dfrac{\bar{x} - \mu}{\sigma/\sqrt{N}}$ の母標準偏差 σ がわからないので，標本標準偏差 s で置換すると正規分布よりも少し尖った分布になります。自由度[▶] $df = N - 1$ によって形が変化し，自由度が大きくなるほど正規分布に近づいていきます[▶]。

[▶] 1 標本の t 検定，平均値の差の t 検定（8 章），相関係数の検定（12 章），回帰係数の検定（13・14 章）などに使われます。

[▶] 計算時に自由に書くことのできる値の数です。無作為標本では N 個の値は自由に決まりますが，s の分子 $\Sigma(x_i - \bar{x})^2$ を計算する際に $\bar{x}$ を固定しているので自由度が 1 つ減ります。

[▶] $df = 30$ あたりからあまり区別がつかなくなります。

図 6.5　t 分布

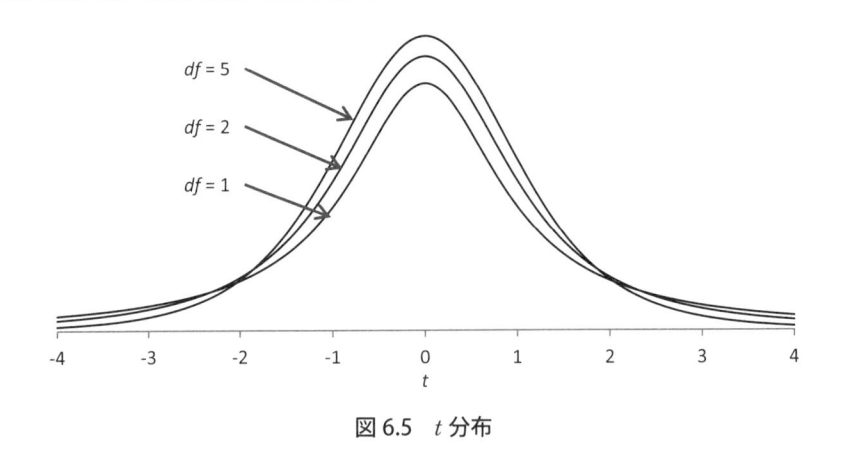

χ^2 **分布**：N 個のデータ $x_1, x_2, \cdots, x_N$ がそれぞれ独立に平均 μ, 分散 σ^2 の正規分布に従うとき，それらの平方和 $\chi^2 = x_1^2 + x_2^2 + \cdots + x_N^2$ が従う分布です（図 6.6）。母分散が既知のとき，多くのグループのデータが正規分布に従うかどうか一度に検定するために考案されました。

▶独立性の χ^2 検定（7 章）などに使われます。

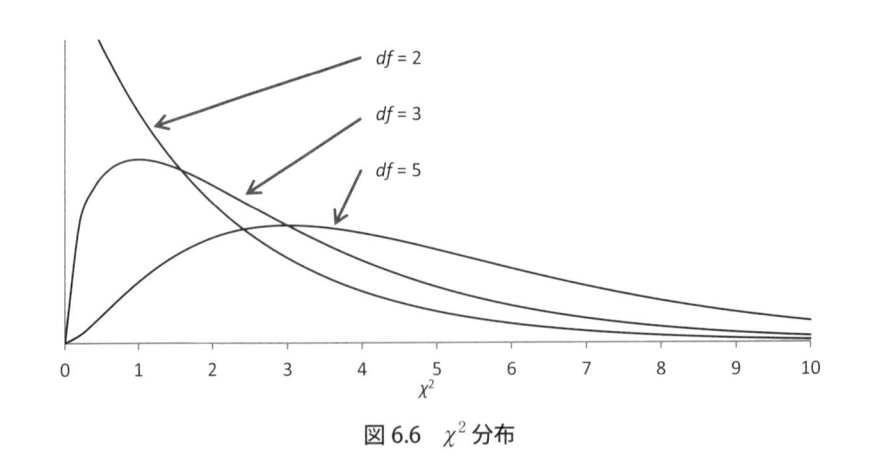

図 6.6　χ^2 分布

F **分布**：2つの標本統計量 χ_1^2 と χ_2^2 がそれぞれ自由度 df_1 と df_2 の χ^2 分布に従うとき，$F = \dfrac{\chi_1^2 / df_1}{\chi_2^2 / df_2}$ が従う分布です（図 6.7）。母分散が未知の

▶分散分析（9・10 章），決定係数の検定（13・14 章）などに使われます。

とき，多くのグループのデータが正規分布に従うかどうか一度に検定するために考案されました。

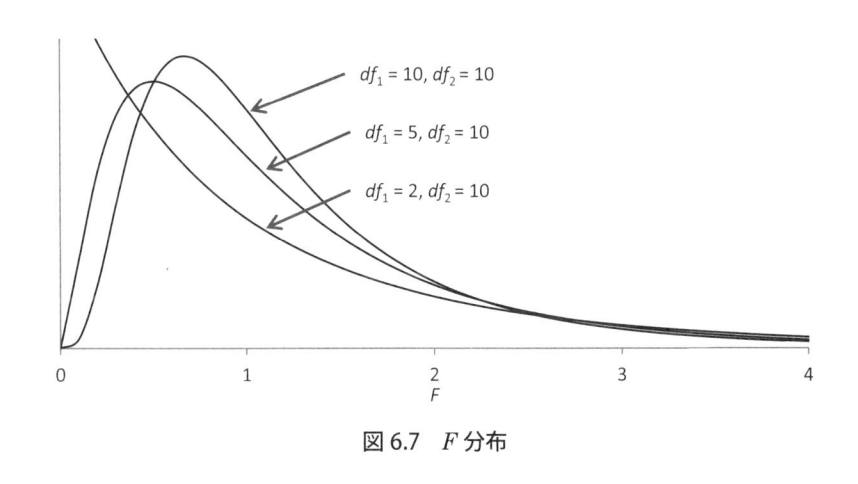

図 6.7　F 分布

6-2-5　推定と検定

以上の標本分布を利用して母数を推測します。統計的推測には，統計的推定と統計的検定があります。

統計的推定：標本統計量▶からもっともらしい母数の値やその範囲を推測します。母数をただ一つの値で推定することを**点推定**，一定の範囲で推定することを**区間推定**といいます。

▶推定に使われる標本統計量を**推定量**といいます。

統計的検定▶：あらかじめ母数に関して仮説を立てておき，それが正しいかどうかを標本統計量から推測します。検定に使われる標本統計量を**検定統計量**といいます。仮説は「差がない」「関連がない」といったものが多いので，それを検証するための検定統計量は差や関連の程度を表すものが多いです。

▶**統計的仮説検定**や**有意性検定**ともいいます。

> 例 ある大企業から無作為抽出した男性社員 40 人の平均年収は 603.5 万円, 女性社員 40 人の平均年収は 423.5 万円でした。「その大企業では男性社員と女性社員の平均年収には差がない」は正しいでしょうか。

6-3 統計的推定

6-3-1 点推定

期待値が母数と一致する▶標本統計量を**不偏推定量**といい, 点推定に用いられます。前述のように, 期待値が母平均になる標本平均は不偏推定量です。

▶標本分布の平均値が母数と一致するという意味です。この性質を**不偏性**といいます。

対して, 期待値が母分散の $\frac{N-1}{N}$ 倍になる標本分散は不偏推定量ではないことが知られています。そこであらかじめ標本分散に $\frac{N}{N-1}$ を掛けて不偏性をもつように調整したものを**不偏分散**といい, 点推定にはこれが使われます▶。標準誤差 $\frac{\sigma}{\sqrt{N}}$ の母標準偏差がわからないので標本標準偏差で置き換えて $\frac{s}{\sqrt{N}}$ としましたが, それは不偏分散を用いた点推定です。

▶4 章の分散が $N-1$ で割っていたのはそのためです。

6-3-2 区間推定

点推定ではただひとつの値で母数を推定しましたが, 実際は標本統計量の実現値が母数とピッタリ一致することはほとんどないため, **信頼区間**▶という幅をもたせて推定します。

▶信頼区間（confidence interval）の頭文字をとって CI ともいいます。

信頼区間に母数が含まれると期待できる程度を**信頼水準**といいます。信頼水準は標本分布をもとに%で表され, 慣例的に 95%, または 99% で母数を含む区間を推定することが多いです▶。95% は「繰り返し標本抽出を行い区間推定すれば, 母数を含んでいる区間が 100 回中 95 回抽出され

▶100% 確実に母数を含む区間にすると, 幅が広くなりすぎて推定の役に立たないからです。

る」という意味です（図 6.8）[▶]。

100回中5回は母数を含まない

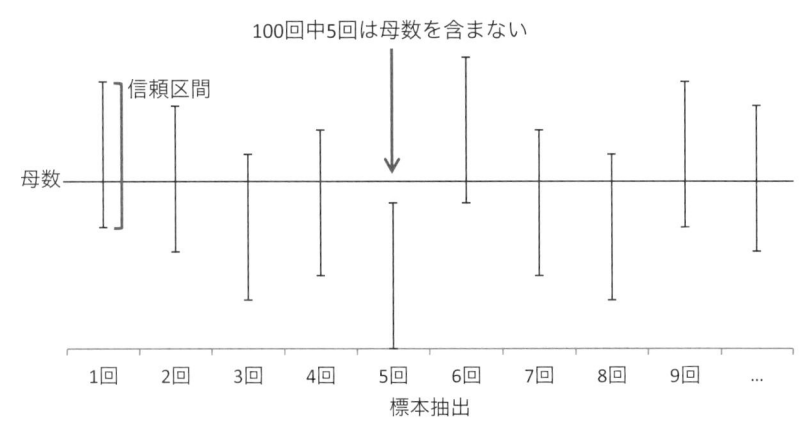

図 6.8　95%信頼区間

▶母数は決まっていて信頼区間が毎回変わるので,「95%の確率で母数が含まれる区間」というとやや語弊があります。

母平均 μ の区間推定を考えます。標本平均は平均 μ, 分散 $\dfrac{\sigma^2}{N}$ の正規分布に従いましたので, 母平均 μ の区間推定は z 分布を利用して以下のように求めます。

$$\bar{x} - z_{\alpha/2}\frac{\sigma}{\sqrt{N}} \leq \mu \leq \bar{x} + z_{\alpha/2}\frac{\sigma}{\sqrt{N}}$$

ここで $\pm z_{\alpha/2}$ は標準正規分布における有意水準 $\alpha/2$ の**限界値**[▶], $\dfrac{\sigma}{\sqrt{N}}$ は標準誤差です。左辺 $\bar{x} - z_{\alpha/2}\dfrac{\sigma}{\sqrt{N}}$ を**下限値** LL, 右辺 $\bar{x} + z_{\alpha/2}\dfrac{\sigma}{\sqrt{N}}$ を**上限値** UL といいます[▶]。**有意水準** α は信頼水準に含まない端の割合で, 限界値はその境界の値です。

|例| 信頼水準 95%（$1 - \alpha = .95$）の限界値 $z_{.025} = 1.96$ [▶]。

▶限界値 (critical value) なので**臨界値**とも訳されます。

▶下限値 (lower limit)・上限値 (upper limit) の頭文字をとって LL・UL と表記します。

▶正規分布では, 標準偏差とデータが含まれる割合の関係が決まっているので ± 1.96 に 95% が含まれることがわかります（4 章参照）。

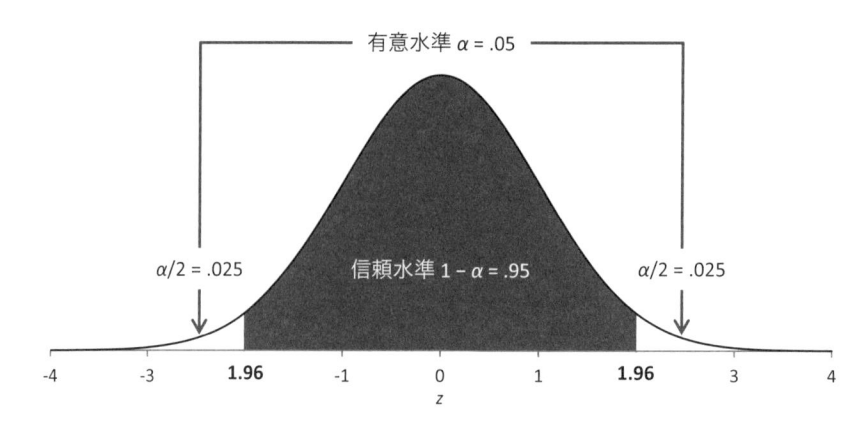

図6.9 標準正規分布における信頼水準と有意水準

実際は，母標準偏差 σ がわからないので標本標準偏差 s で代用し，t 分布を利用して区間推定します。

$$\bar{x} - t_{N-1,\,\alpha/2} \frac{s}{\sqrt{N}} \leq \mu \leq \bar{x} + t_{N-1,\,\alpha/2} \frac{s}{\sqrt{N}}$$

ここで $t_{N-1,\,\alpha/2}$ は，自由度 $N-1$ の t 分布における有意水準 $\alpha/2$ の限界値です。正規分布とは違ってサンプルサイズ N によって分布の形が変わりますので限界値も変わります。

母平均以外にもさまざまな母数の区間推定がありますが，考え方はすべて同じです。

> 問　母比率の区間推定について，テレビ視聴率が10%だった場合，その95%信頼区間はどのように計算されるのか調べてみよう。

6-4　統計的検定

6-4-1　教科書的な検定の手順

① 帰無仮説（と対立仮説）を立てる。

② 有意水準を決める。
③ 標本から検定統計量を計算する。
④ 帰無仮説を棄却／採択する。

6-4-2　帰無仮説（と対立仮説）を立てる

はじめに母数に関する仮説を立てます。これを**帰無仮説** H_0 といいます[▶]。また帰無仮説が正しくないときに正しくなる二者択一の仮説を**対立仮説** H_1 といいます。前者が決まれば，後者は論理的に決まります。

▶仮説（hypothesis）の頭文字とり，帰無（null）なので 0 を添字として H_0 と表記するのが慣例です。

> 例　1 標本の t 検定では H_0「母集団の平均年収＝500 万円」，平均値の差の t 検定[▶]では H_0「母集団において男性の平均年収＝女性の平均万円」となります。それぞれの「＝」を「≠」にしたものが H_1 です。
>
> 検定は H_0 が正しいという仮定からはじめ，その可能性が本当に高いかどうか収集されたデータの検定統計量をもとに検証します。もしその可能性が低そうなら帰無仮説を棄却します。これは同時に対立仮説を採択すること意味します。その状態を「**統計的に有意**[▶]」といいます。

▶8 章参照。

▶帰無仮説が棄却されて統計的に有意な差や関連がみられたとき，「有意差」「有意な関連」があったと表現されます。

6-4-3　有意水準を決める

検定の種類によって使われる検定統計量は決まっていて，自由度によってどういう標本分布に従うかも数学的にわかっています。その分布上で，今回の標本から計算される検定統計量がどのくらい極端な値なら「まれ」とみなすか基準を決めます。この基準を**有意水準** α といいます。慣例的に分布の端 5％ や 1％ という基準が使われることが多いです[▶]。5％ だと「有意水準 5％（$\alpha = .05$）」と表現します。分布の端に設けられた有意水準の領域を**棄却域**といいます。また棄却域の境界となる検定統計量の値を限界値といいます[▶]。

▶有意水準や限界値は区間推定のときと同じものです。

▶有意水準や限界値は区間推定のときと同じものです。

> 例　有意水準5%の棄却域と限界値。

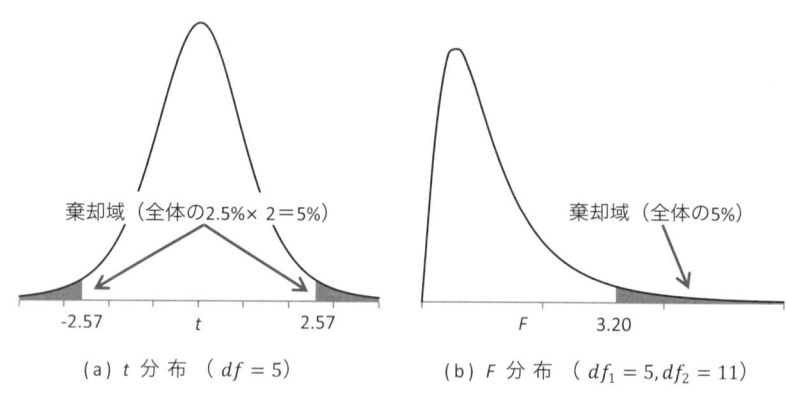

棄却域（全体の2.5%×2＝5%）
-2.57　　t　　2.57
(a) t 分布（$df = 5$）

棄却域（全体の5%）
F　　3.20
(b) F 分布（$df_1 = 5, df_2 = 11$）

図6.10　有意水準5%の棄却域

6-4-4　標本から検定統計量を計算する

設定した有意水準の限界値と比較するために，収集されたデータから具体的な検定統計量の値を計算します▶。

▶計算方法は各章参照。

> 例　上の 例 では，標本の t 値，または F 値を計算します。

6-4-5　帰無仮説を棄却／採択する

検定統計量の値と限界値を比較して以下のように判断します。

① 検定統計量の値が限界値よりも内にある（棄却域に入らない）→今回の検定統計量が得られるのはよくあること→分布の前提となっている帰無仮説は正しい可能性が高いから採択。

② 検定統計量の値が限界値よりも外にある（棄却域に入る）→今回の検定統計量が得られるのは「まれ」→分布の前提となっている帰無仮説が間違っている可能性が高いから棄却し対立仮説を採択。

> 例　上の 例 では，限界値 $t < -2.57$ または $t > 2.57$, $F > 3.20$ となれば，帰無仮説は棄却され対立仮説が採択されます。「5%水準で有意」です。

6-4-6　ソフトウェアを使った実際の検定

上記は教科書的な検定の手順でしたが，SPSS のような統計ソフトを使えば検定統計量の値より外側の確率が直接出力されます。この確率を**有意確率** p といいます。

▶「帰無仮説が正しいときの標本分布において今回の検定統計量よりもはずれた値が得られる確率」と解釈できます。

> 例　検定統計量から求められた有意確率。

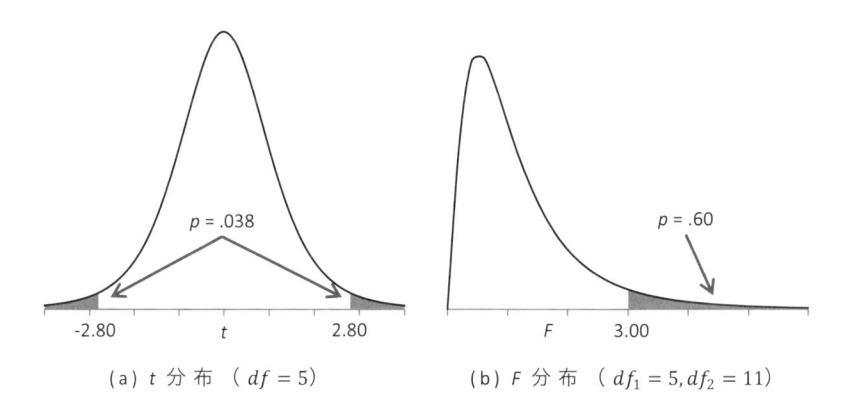

$p = .038$

$p = .60$

-2.80　　t　　2.80

F　　3.00

(a) t 分布（$df = 5$）　　(b) F 分布（$df_1 = 5, df_2 = 11$）

図 6.11　有意確率

そのため実際のデータ分析では，あらかじめ有意水準を設定し，その限界値と照合する必要はありません。ただし論文・レポートでは，わかりやすく慣れ親しんだ基準として有意水準を用いて表現されることも多いです▶。

▶たとえば $p = .049$ が有意，$p = .051$ が非有意と判断されたりするため，これには賛否両論があります。アメリカ心理学会では原則として有意確率をそのまま報告する方法が推奨されています（American Psychological Association 2009）。

例	検定の結果，$p = .038$ が得られたら「$p < .05$」，$p = .008$ が得られたら「$p < .01$」と有意水準に当てはめて記述し直します。

6-5 補足

6-5-1 両側検定／片側検定

標準正規分布や t 分布のように 0 を中心とした左右対称の分布を用いる検定では棄却域の位置を選ぶことができます。分布の左右両方に棄却域を設けるものを**両側検定**，左右どちらかに設けるものを**片側検定**といいます（図 6.12）▶。

▶左に設けるものを**左側（下側）検定**，右に設けるものを**右側（上側）検定**といいます。

例	標準正規分布で有意水準 5% の棄却域を設定すると，両側検定では限界値が ± 1.96，片側（右側）検定では限界値が 1.64 になります。

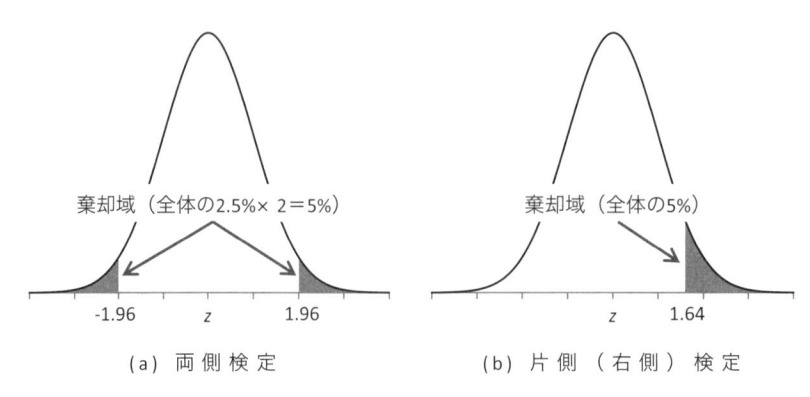

棄却域（全体の2.5%× 2＝5%）　　　　棄却域（全体の5%）
　　　　-1.96　z　1.96　　　　　　　　　　　z　1.64
　　　　(a) 両側検定　　　　　　　　　　(b) 片側（右側）検定

図 6.12　標準正規分布における有意水準 5% の棄却域と限界値

片側検定の場合，対立仮説に不等号が含まれます。あらかじめ対立仮

説が明確な場合は片側検定が使われることがあります▶。片側検定のほうが棄却域が広くなるため有意になりやすいです。

▶本書では原則として両側検定を採用しています。

> 例　H_0「母集団の平均年収＝500万円」という検定では，H_1「母集団の平均年収＞500万円」，または H_1「母集団の平均年収＜500万円」となります。H_0「母集団において男性の平均年収＝女性の平均万円」という検定では，H_1「母集団において男性の平均年収＞女性の平均万円」，または H_1「母集団において男性の平均年収＜女性の平均万円」となります。

6-5-2　パラメトリック検定／ノンパラメトリック検定

量的変数を対象とし，母集団分布の形を仮定している検定を**パラメトリック検定**▶といいます。t 検定，分散分析，相関係数・回帰係数の検定など多くのパラメトリック検定は以下のような前提条件があります。

▶母数（parameter）を利用する検定なのでこのようにいいます。

① 量的変数。
② 母集団が正規分布に従う（**正規性**）。
③ （複数のグループを扱う場合）各母集団の分散が等しい（**等分散性**）。

こうした仮定が厳しい場合は，母集団分布に仮定をおかない**ノンパラメトリック検定**が用いられます▶。ただ，ノンパラメトリック検定は検定力が低く誤判定のリスクがあるため，パラメトリック検定の次善の策として用いられるものが多いです。

▶ノンパラメトリック検定は，Mann–Whitney（マン－ホイットニー）の U 検定，Kruskal-Wallis（クラスカル－ウォリス）検定，適合度や独立性の χ^2 検定など多くの種類がありますが，本書ではパラメトリック検定で代替できないもののみを扱います。

6-5-3　タイプ1エラー／タイプ2エラー

検定は，あくまで確率論なので，その結果がかならず正しいというわけではありません。有意水準 α は「実際は帰無仮説が正しいのに間違って棄却してしまう確率」と考えることもできます。こうした間違いを**タイプ1エラー**といいます。また，「実際は帰無仮説が間違っているのに間違って採択してしまう」間違いを**タイプ2エラー**といい，その確率 β と

▶第 1 種の誤り／第 2 種の誤りとも訳されます。

します▶。「統計的に有意」という検定結果が正しい確率 $1-\beta$ を**検定力**といいます（表 6.1）。

表 6.1　帰無仮説の採択／棄却とその誤り

実際	検定結果	
	H_0	H_1
H_0	正しい判定 確率 $1-\alpha$	タイプ 1 エラー 確率 α（有意水準）
H_1	タイプ 2 エラー 確率 β	正しい判定 確率 $1-\beta$（検定力）

6-5-4　有意確率が小さいから効果が大きいとはかぎらない

一般に，有意確率の大小には，差，関連，相関の程度だけでなくサンプルサイズも影響します。それらが大きいほど検定統計量（の絶対値）が大きくなり有意確率が小さくなります（図 6.13）。

図 6.13　有意確率の決定要因

▶効果量（effect size）なので**効果サイズ**や**効果の大きさ**などとも訳されます。本書では，各種の検定とともに併記したほうがいい効果量も紹介します。

有意確率を報告するだけでは差，関連，相関などの大きさがわからないため，最近ではそれらの指標になる**効果量**▶も同時に報告することが推奨されています（American Psychological Association 2009）。

6-6　SPSS の手順（データ 年収調査 .sav）

以下のような事例を想定して SPSS で検定と区間推定を行ってみましょう。

6-6 SPSS の手順

> 問 ある大企業は「社員の平均年収は 500 万円」であることを公表しています。そこで、無作為抽出された社員 80 名に対して年収調査を行いました。結果、平均年収は 513.5 万円でした。その大企業の情報は正しいといえるでしょうか。

これは、H_0「母平均 $\mu = \mu_0$」という具体的な期待値 μ_0 で帰無仮説を立てる **1 標本の t 検定**と呼ばれる方法です。標本平均 $\bar{x}$ と期待値 μ_0 の差が t 分布に従うことを利用して検定を行います。検定統計量 t はその差を標準誤差で割って計算します。

$$t = \frac{\bar{x} - \mu_0}{\dfrac{s}{\sqrt{N}}}$$

① ［分析］―［平均の比較］―［1 サンプルの t 検定］
② ［検定変数］ボックスに検定した変数を投入。
③ ［検定値］に母平均の期待値を入力し OK

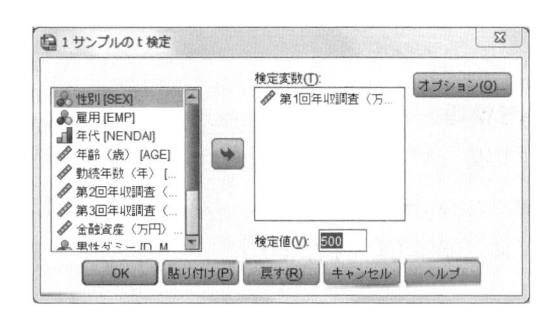

- 「1 サンプルの統計量」：記述統計量。

1サンプルの統計量

	度数	平均値	標準偏差	平均値の標準誤差
第1回年収調査（万円）	80	513.50	204.542	22.868

6章

- 「1サンプルの検定」：

1サンプルの検定

	検定値 = 500					
					差の 95% 信頼区間	
	t 値	自由度	有意確率(両側)	平均値の差	下限	上限
第1回年収調査（万円）	.590	79	.557	13.501	-32.02	59.02

> 「t 値」：検定統計量 t。標本平均 $\bar{x}$ − 検定値 μ_0 を標準誤差 $\dfrac{s}{\sqrt{N}}$ で割った値。

▶この例では 500 です。

> 「自由度」：自由度 $N-1$。

> 「有意確率（両側）」：母平均の検定結果。帰無仮説「母平均 = 検定値▶」としたとき，「t 値」（の絶対値）以上が得られる確率。これが小さければ（$p<.05$ など），帰無仮説を棄却し「母平均 ≠ 検定値」と判断する▶。

▶非有意，つまり帰無仮説が正しいと判断されます。

> 「平均値の差」：標本平均 $\bar{x}$ − 検定値 μ_0。

> 「差の 95% 信頼区間」：「平均値の差」の 95% 信頼区間。

6-7　レポート・論文での示し方

6-7-1　示すべき情報

記述統計：平均値（M），標準偏差（SD），ケース数（N）

検定：検定値（μ_0），検定統計量（t），自由度（df），有意確率（p）

推定：信頼区間（95% CI ▶ $[LL, UL]$）

▶もちろん信頼水準 99% のときは 99% CI と書きます。

6-7-2　提示例

▶$t(\ )$ 内は自由度です。

> ある大企業に勤務する社員の平均年収が 500 万円かどうか検定するために，社員（$N=80$）を対象とした調査を行ったところ平均年収は 513.5 万円，標準偏差は 204.5 万円であった。1 標本の t 検定を行った結果，有意ではなかった（$t(79)$ ▶ $= 0.59, p = .557, 95\%$ CI $[-32.0, 59.0]$）。

まとめ

- 平均や分散といった母集団の特徴を ① ，標本の特徴を ② という。② は標本抽出の具合によってその都度変わるため変数として考えられる。
- ② は ③ 抽出すれば特定の分布に従う。その分布の標準偏差を ④ という。
- ① の値を推測することを ⑤ 推定，幅をもって推測することを ⑥ という。
- 検定は ① について ⑦ 仮説を立て，⑧ 確率が一定基準よりも小さければそれを棄却し，⑨ 仮説を採択する。

練習問題 (データ 年収調査.sav)

① 「第2回年収調査」を用いて1標本の t 検定を行ってみよう。その際，期待値として 500 以外を設定してみよう。

② 検定と推定の結果を解釈しよう。

③ 上の「提示例」にならって結果を記述しよう。

7章 独立性の検定
2つの質的変数の関連を検定する

7-1 目的

7-1-1 クロス表分析で行うこと

3章では，クロス集計が単純集計を層化したものであり，集計表を2次元に分割することで，一方の変数のカテゴリごとにもう一方の変数の分布が異なっているか確認する方法であることを示しました。本章では，標本データを用いてクロス集計から一歩踏み出し，以下のような順序で**クロス表分析**を進めていきます▶。

(1) クロス集計表において2変数の関連は母集団においても存在するといえる（関連が有意である）のか検定を行う＝**独立性の検定**。

(2) 2変数に関連があるといえる場合，それがどれほどの強さなのか数量的な指標によって測る＝**関連係数**。

▶ (1)(2)の後は，さらに第3変数などを考慮してクロス表分析を精緻化したり，因果関係などについて考察したりする必要があります。

7-1-2 独立性の検定

実際のデータを用いてクロス集計して行パーセントなどを計算すると，一方の変数のカテゴリによって他方の変数の分布は多少なりとも異なっていることがほとんどです。しかし，たとえ母集団では2変数に関連がなかったとしても，標本誤差によってたまたまそのような分布の差が生じた可能性を否定できません。したがって，分布の差が示唆する変数の関連が母集団においても成り立つのか検証する必要があります。

クロス表分析では，無関連な状態＝統計的独立の状態のクロス表を想定し，そこから観測されたデータがいかに逸脱しているかを通じてクロス表の関連を捉えます。これを独立性の検定といいます。あるいは，検定統計量から χ^2 **検定**とも呼ばれます▶。この手続きは，以下のステップ

▶ カイ2乗検定，あるいはカイ自乗検定とも表記します。χ^2 の読み方は「カイジジョウ」です。

で行います。

(1) 帰無仮説として2変数間にまったく関連がない状態（**統計的独立**という）を考え，その場合にクロス表中に出現するセル度数（**期待セル度数**）を考える。

(2) 期待セル度数と，標本で実測されたクロスのセル度数（**観測セル度数**）を比較し，対応するセル度数の差を通算して χ^2 統計量を計算する。

(3) (2)で求めた χ^2 値の，帰無仮説のもとでの出現確率を求め，あらかじめ設定した有意水準を上回るならば帰無仮説を採択する。

7-1-3 期待度数の計算

ここでは2変数が無関連な場合のクロス表を考え，そのもとでの期待セル度数を考えましょう。

> 例　男女計100名の無作為標本に対し，「赤い服を着ることに抵抗を感じますか？」と質問しました。このような被服意識と性別との間に関連がないとした場合に得られるであろうセル度数を考えます。

標本から得られたクロス表が次のようだったとします。

表 7.1　性別×被服意識

	赤い服への抵抗		合計
	あり	なし	
男性	50	10	60
女性	15	25	40
合計	65	35	100

2変数が無関連な場合の期待セル度数を考えましょう。行・列それぞれの期待周辺度数をそれぞれ対応する観測度数の 60, 40, 65, 35 と固定した上で，次の4つのセル期待度数 $F_{11}, F_{12}, F_{21}, F_{22}$ を推定しましょう。

表 7.2　期待度数を推定すべきセル

	赤い服への抵抗		合計
	あり	なし	
男性	F_{11}	F_{12}	60
女性	F_{21}	F_{22}	40
合計	65	35	100

2 変数が無関連ということは，1 つの変数のカテゴリで層別しても，もう一方の変数の分布が変わらないということですから，行パーセントで表現すると

表 7.3　2 変数が独立な場合の行パーセント

	赤い服への抵抗		合計
	あり	なし	
男性	65%	35%	100%
女性	65%	35%	100%
合計	65%	35%	100%

ということであり，これを満たす 4 つの期待セル度数は

$$F_{11} = \left(\frac{65}{100}\right) \times 60 = 39 \quad F_{12} = \left(\frac{35}{100}\right) \times 60 = 21$$

$$F_{21} = \left(\frac{65}{100}\right) \times 40 = 26 \quad F_{22} = \left(\frac{35}{100}\right) \times 40 = 14$$

(1)

となって，2 変数が無関連の場合のクロス表を得ます。

表 7.4　独立なクロス表の期待度数

	赤い服への抵抗		合計
	あり	なし	
男性	39	21	60
女性	26	14	40
合計	65	35	100

クロス表を以下のように一般化して考えるとき，任意のセルの観測度数を f_{ij} とし，同じセルの期待度数を F_{ij} とします。

観測度数の表					
	Y				
X	1	⋯	j	⋯	J	計
1	f_{11}	⋯	f_{1j}	⋯	f_{1J}	$f_{1\cdot}$
⋮	⋮		⋮		⋮	⋮
i	f_{i1}	⋯	f_{ij}	⋯	f_{iJ}	$f_{i\cdot}$
⋮	⋮		⋮		⋮	⋮
I	f_{I1}	⋯	f_{Ij}	⋯	f_{IJ}	$f_{I\cdot}$
計	$f_{\cdot 1}$	⋯	$f_{\cdot j}$	⋯	$f_{\cdot J}$	N

期待度数の表					
	Y				
X	1	⋯	j	⋯	J	計
1	F_{11}	⋯	F_{1j}	⋯	F_{1J}	$F_{1\cdot}$
⋮	⋮		⋮		⋮	⋮
i	F_{i1}	⋯	F_{ij}	⋯	F_{iJ}	$F_{i\cdot}$
⋮	⋮		⋮		⋮	⋮
I	F_{I1}	⋯	F_{Ij}	⋯	F_{IJ}	$F_{I\cdot}$
計	$F_{\cdot 1}$	⋯	$F_{\cdot j}$	⋯	$F_{\cdot J}$	N

(1) の 4 つの式から，各セルの期待度数の推定値 $\hat{F}_{ij}$ は

$$\hat{F}_{ij} = \frac{f_{\cdot j}}{N} \times f_{i\cdot} = \frac{f_{i\cdot} \times f_{\cdot j}}{N}$$

として求めることができます[▶]。

▶統計的独立の定義 $P(x=i$ かつ $y=j) = P(x=i) \cdot P(y=j)$ からも，この式を導けます。

7-1-4 χ^2 統計量

すべての期待セル度数を推定したところで，標本データから得た観測セル度数との差を通算し，検定統計量としましょう[▶]。行変数のカテゴリを $\{1, 2, \cdots, i, \cdots, I\}$，列変数のカテゴリを $\{1, 2, \cdots, j, \cdots, J\}$ とすると，Pearson[▶] の χ^2 統計量の計算式は次の通りです[▶]。

$$\chi^2 = \sum_i \sum_j \frac{(f_{ij} - \hat{F}_{ij})^2}{\hat{F}_{ij}}$$

なお，ここでの例で挙げたような 2×2 の表の場合は期待度数を計算しなくても，次のような簡便な計算で χ^2 値を求めることができます。

$$\chi^2 = \frac{(f_{11}f_{22} - f_{12}f_{21})^2 \times N}{(f_{11}+f_{12})(f_{21}+f_{22})(f_{11}+f_{21})(f_{12}+f_{22})}$$

▶2変数が無関連な場合のクロス表と実際のデータから得たクロス表とのズレということになり，2変数の関連の有無についての指標となり得ます。

▶Pearson（ピアソン）。

▶各々対応するセル度数の差をそのまま合算すると正負が相殺されてゼロになることに注意して下さい。

> 例 表1のクロス表から χ^2 値を計算してみましょう。
>
> $$\chi^2 = \frac{(50 \times 25 - 10 \times 15)^2 \times 100}{(50+10) \times (15+25) \times (50+15) \times (10+25)} \fallingdotseq 22.161$$

7-1-5 χ^2 検定

前項で χ^2 値が期待度数と観測度数のズレを（調整して）合算したものであることを示しました。これを検定統計量として，

H_0：母集団において 2 変数は無関連である（統計的に独立）

H_1：母集団において 2 変数には関連がある（独立ではない）

という独立性の検定を行います。

母集団において 2 変数間の関連がないと仮定するとき，無作為標本において χ^2 値がたまたま標本誤差によって大きな値をとる確率は小さくなります。6 章で述べた検定のセオリーに従って，5% などの小さな有意水準を設定します。N が十分大きいとき，χ^2 統計量は自由度 $(I-1)(J-1)$ の χ^2 分布に従いますので，検定の際の臨界値は χ^2 分布表から定めることができますが，SPSS では自動的に有意確率が出力されますので，事前に決めた有意水準と比較します。

> |例| 表 1 のクロス表の自由度を計算し，χ^2 検定しましょう。
>
> 自由度は $(2-1)\times(2-1)=1$ であり，χ^2 分布表より自由度 1 に対応する χ^2 分布の 5% 有意水準の臨界値は 3.841 であることがわかっています。先に計算した χ^2 値 22.161 はこの臨界値より大きいので帰無仮説を棄却します（SPSS での χ^2 検定では自動的に p 値が計算されるので，χ^2 分布表を見たりする必要はまったくありません）。

7-1-6 残差分析

検定の結果，2 変数の間に有意な関連がみられたとしても，それはクロス表全体として期待度数と観測度数のズレが有意に大きかったということだけを意味しているのみです。いずれのセルでの期待度数と観測度数のズレが寄与してクロス表全体での関連が有意となったかを知るには，期待度数と観測度数のズレ＝残差を各セルについて分析することが必要

です。残差の分析には，以下の**調整済み（標準化）残差**を使います。

$$d_{ij} = \frac{f_{ij} - \hat{F}_{ij}}{\sqrt{\hat{F}_{ij} \times (1 - \frac{f_{i\cdot}}{N}) \times (1 - \frac{f_{\cdot j}}{N})}}$$

これは標準正規分布に従うので，たとえば絶対値が 1.96（2.58）を超えているセルは残差＝期待度数と観測度数のズレが 5%（1%）水準で有意であるということになります。

7-1-7 注意点

Yates の連続性補正

サンプルサイズがあまり大きくない 2×2 表では，χ^2 統計量を補正する必要があります。より χ^2 分布に近似するよう，次のような連続性の補正▶をに施すことが Yates▶ によって提唱されています。

▶Yates' correction of continuity
▶Yates（イェーツ）。

$$\chi_y^2 = \frac{(|f_{11}f_{22} - f_{12}f_{21}| - 0.5N)^2 \times N}{(f_{11}+f_{22})(f_{21}+f_{22})(f_{11}+f_{21})(f_{12}+f_{22})}$$

> 例　表 1 の観測度数から Yates の連続補正した χ^2 統計量を計算
>
> $$\chi_y^2 = \frac{(|50 \times 25 - 10 \times 15| - 0.5 \times 100)^2 \times 100}{(50+10) \times (15+25) \times (50+15) \times (10+25)} = \frac{110{,}250{,}000}{5{,}460{,}000}$$
>
> $\fallingdotseq 20.192$

Fisher の直接確率法

また，Cochran▶ のルールとよばれる 1 つの基準として，独立性の検定を行うにはセル期待度数が 5 未満になるセルが全体の 20% 未満でなければならない▶ とされています。十分大きなサイズの標本を用意してもこれらの条件を満たせない場合には，当該カテゴリを分析から除外したり，カテゴリ統合をしたりする必要があります。2×2 表ではカテゴリ統合ができないので，χ^2 検定ではなく Fisher▶ の直接確率法▶ によって検定の p

▶Cochran（コクラン）。
▶ということは，2×2 の表ではすべてのセルが期待度数 5 を超えていなければならないことになります。
▶Fisher（フィッシャー）。
▶フィッシャーの直接法，あるいは直接検定，正確検定とも呼びます。数式中の「!」は階乗を表します。

値を求めることが推奨されています。

$$p = \frac{(f_{11}+f_{12})! \times (f_{21}+f_{22})! \times (f_{11}+f_{21})! \times (f_{12}+f_{22})!}{N! \times f_{11}! \times f_{12}! \times f_{21}! \times f_{22}!}$$

サンプルサイズと検定結果

χ^2値はクロス表の総度数Nに依存するので，検定の結果もNに左右されてしまいます。つまりNが大きい場合，帰無仮説が棄却されやすくなるのです。同じ理由でχ^2検定の結果が2変数に有意な関連を示したとしても，次項の関連係数ではごく弱い関連度しか示さない場合があります。

7-2 関連係数

独立性の検定の結果2変数の間に関連があると結論付けられたら，次はその大きさを関連係数によって客観的に示します。関連係数とは総称でありいくつかの種類がありますが，2×2表にしか適用できないものと，変数のカテゴリが3つ以上の$I \times J$表に適用できるものに大別できます。以下では調査データ分析で使われることの多い関連係数について紹介します。

7-2-1　2×2のクロス表で用いる関連係数

ここでは説明を簡単にするため以下のように記法を少し変えます。

変数X	変数Y		合計
	$y=1$	$y=0$	
$x=1$	a	b	$a+b$
$x=0$	c	d	$c+d$
合計	$a+c$	$b+d$	N

ϕ係数（ファイ係数）

ϕ係数▶は，次のように定義します▶。

$$\phi = \frac{ad-bc}{\sqrt{(a+b)(c+d)(a+c)(b+d)}}$$

▶ϕ係数 phi coefficient は，四分点相関係数とも呼びます。
▶2×2のクロス表のχ^2値を総セル度数で除した$\sqrt{\chi^2/N}$として計算できます。

φ係数は−1≤0≤+1の範囲の値をとり，符合の正負で関係の方向性を表現できる指標です。2変数が無関連の場合φ係数は0となりますが，この値が+1に近いほど正の関連が強く，−1に近いほど負の関連が強いといえます[▶]。ここで正の関連とは2×2のクロス表のaセルとdセル（**主対角セル**という）に度数が集中していることで，負の関連とはbセルとcセルに度数が集中していることを指します。完全に主対角セルに度数が集中したときに+1，逆のパターンのときに−1という極値をとります[▶]。関係の方向性が表現されるので，主対角セルへの集中が仮説に対応した意味を持つように変数のカテゴリ値の順序をリコード（5章）しておくと2変数の関係の理解が容易になるでしょう。逆に言うと，片方の変数の値を逆にすると符号が反転するので，この値を読み取るときには注意が必要ということになります。

YuleのQ

YuleのQは，次のようにして求められます。

$$Q = \frac{ad - bc}{ad + bc}$$

YuleのQはφ係数と同じく無関連の場合に0，正負の方向で最大の関連を示すときにそれぞれ+1と−1の値をとります。しかし異なる点として，2×2のクロス表のいずれかのセルが0であった場合に極限値をとります[▶]。すなわちbセルとcセルのいずれかが0となったときに+1を，aセルとdセルのいずれかが0となったときに−1となります。たとえば次のような例では$φ=.176$であるのに対して，$Q=.583$となりかなり印象は異なります[▶]。

性別	役職		合計
	あり	なし	
男性	25	125	150
女性	5	95	100
合計	30	220	250

[▶] φ係数は，2×2表の各変数について一方のカテゴリにスコア1をもう一方のスコアに0を与えて相関係数（12章）を計算したのと同じ結果になります。

[▶] このような状態を**完全関連**といいます。

[▶] このような状態を**最大関連**といいます。

[▶] 役職につける人数は限られているので，この例では周辺度数が固定されていることになります。完全関連（男性全員が役職，女性全員が非役職）を極値として想定するファイ係数よりも最大関連（女性全員が非役職）を極値とするYuleのQのほうがぴったりくるでしょう。

オッズ比

オッズ比は，次のようにして計算します。

$$\psi = \frac{a}{b} \div \frac{c}{d} = \frac{ad}{bc}$$

ここで a/b と c/d とは**オッズ**と呼ばれ，「あることが起こらない確率に対してあることが起こる確率が何倍あるか」を比で示したものです。先ほどの例でオッズを計算すると，男性が役職につく確率は非役職にとどまる確率の $25/125 = 0.2$ 倍，女性では $5/95 ≒ 0.053$ 倍です。男性のオッズと女性のオッズの比をとると，男性の女性に対する相対的な有利さがオッズ比 $0.2/0.053 ≒ 3.8$ として計算できます。

オッズ比は無関連の場合に 1 をとり，負の関連の極限値は 0 ですが，正の関連については極限値がなく無限大となるので値のとり方が非対称な指標です▶。正の方向の値に上限がないので直感的にわかりにくいのが欠点ですが，オッズ比はクロス表のログリニアモデルや，ロジスティック回帰モデルでは重要な意味を持っています。

▶対数変換した**対数オッズ比**では無関連が 1，正負の関連の極限値がそれぞれ $+\infty$ と $-\infty$ となります。

例　表 7.1 のクロス表について，ϕ 係数・ユールの Q・オッズ比を計算してみましょう。

$$\phi = \frac{ad - bc}{\sqrt{(a+b)(c+d)(a+c)(b+d)}}$$

$$= \frac{(50 \times 25 - 10 \times 15)}{\sqrt{(50+10) \times (15+25) \times (50+15) \times (10+25)}} ≒ .471$$

$$Q = \frac{ad - bc}{ad + bc} = \frac{(50 \times 25 - 10 \times 15)}{(50 \times 25 + 10 \times 15)} ≒ .786$$

$$\psi = \frac{a}{b} \div \frac{c}{d} = \frac{ad}{bc} = \frac{50 \times 25}{10 \times 15} ≒ 8.333$$

7章

7-2-2 大きいクロス表で用いる関連係数

Cramér の V

χ^2 統計量はその定義より，クロス表の 2 変数が無関連の状態から離れているほど大きい正の値をとりますので，変数間の関連の大きさについての基礎的な情報を与えます。しかし χ^2 値の最大値は総セル度数 N や変数のカテゴリ数に左右されるため，そのままでは関連係数として利用できません。したがってこれらの点について修整を施したのが，次の式で定義される **Cramér の V** です[▶]。

$$V = \sqrt{\frac{\chi^2}{N \times \min(I-1, J-1)}}$$

▶そのほかピアソンのコンティンジェンシー係数が有名ですが，これは Cramér の V に比べてクロス表の大きさが調整されていません。

Cramér クラメールの V は，N の大きさに加えて変数のカテゴリ数によって χ^2 値を調整している[▶]ためサンプルサイズやクロス表の大きさに関係なく $0 \leq +1$ の範囲の値をとるように定義され，関連が強いほど $+1$ に近づきます[▶]。ただし関連の正負の方向が表現されないことに注意して下さい。Cramér の V は χ^2 値を用いた関連係数なので，独立性の検定とともに効果量として用いられることが多いです。

▶分母の $\min(I-1, J-1)$ の min は小さいほうの数をとるという意味です。

▶2×2 表について算出した Cramér の V は ϕ 係数の絶対値に一致します。

γ 係数（ガンマ係数）

大きいクロス表に用いられている変数が順序尺度である（カテゴリ値に順序がある）場合には関連に正負の方向が表現した関連係数が開発されています。その 1 つが γ 係数[▶]です。いまケース i とケース j がおり，彼ら 2 人の変数 X の値 (x_i, x_j)，および変数 Y の値 (y_i, y_j) について大小関係を比べると，次の 9 パターンのいずれかに入ります。

▶Goodman-Kruskal（グッドマン‐クラスカル）の γ 係数とも表記します。

	$y_i > y_j$	$y_i = y_j$	$y_i < y_j$
$x_i > x_j$	s	t	d
$x_i = x_j$	t	t	t
$x_i < x_j$	d	t	s

s は，ケース i が変数 X と変数 Y の両方でケース j よりも上の順序カテゴリ値，あるいは両方で下の順序カテゴリ値をとった場合です。d は，

ケースiが変数Xについてはケースjよりも上の順序カテゴリ値をとる一方で，変数Yについてはケースjよりも下の順序カテゴリ値をとった場合，あるいはその逆です。tは，いずれか一方，または両方が同じ順序カテゴリ値をとっている場合です。これを標本内のすべてのペアについて比較し，sのパターンのペア数n_sとdのパターンのペア数n_dをカウントします。そしてこのn_sとn_dを用いて次のように計算したものがγ係数です。

$$\gamma = \frac{n_s - n_d}{n_s + n_d}$$

ガンマ係数は無関連のときに0となり，係数の正負の符号が関連の方向を表現します。また，関連が強くなるほど数値は±1に近付きます。また，カテゴリ数I, Jにかかわらず，正負の関連の極限値が+1，および-1となります。

その他の関連係数

SPSSでは，この他にも変数間の関連係数を出力することができます。ここでの説明は割愛しますが，名義尺度の変数どうしの関連についての最適予測係数λ（ラムダ係数），γ係数では無視されている同順位（一方のみ）の対を考慮に入れたKendall▶のτ_b（タウb），γを非対称（独立変数と従属変数を明示的に区別すること）に拡張したSomers▶のdなどが出力できます▶。

▶ Kendall（ケンドール）。

▶ Somers（ソマーズ）。

▶ これらについてはBohnstedt and Knoke (1982=1990)などを参照。

7-3 SPSSによる手順 (データ 衛生観念.sav)

7-3-1 独立性の検定に関する手順

① ［分析］—［記述統計］—［クロス集計表］
② ［クロス集計表］のダイアログボックス左側の変数リストから，層別するカテゴリ変数を［行］に，分布を知りたい変数を［列］に投入する▶。

▶ このとき複数の変数を指定できる（3章）。

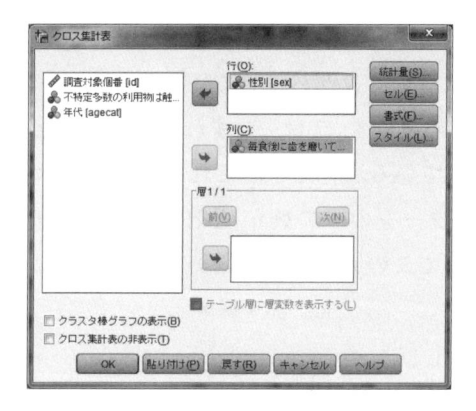

③ ［統計量］ボタンをクリックすると，［クロス集計表：統計量の指定］ダイアログが開く。［カイ２乗］にチェックを入れると，χ^2 統計量を用いた独立性の検定を行う。

④ ［セル］ボタンをクリックし，［期待度数］と［調整ずみの標準化］にチェックを入れ，期待度数の出力と残差分析を行う。

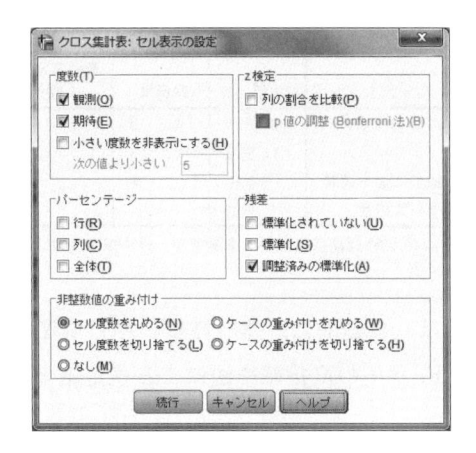

- クロス表の出力では，観測度数に加えてチェックを入れた期待度数と調整済み標準化残差が出力される。男性・女性の「ややあてはまる」「あまりあてはまらない」において絶対値が1.96（2.58）を超えていることから，これらのセルで観測度数と期待度数の残差が5%（1%）水準で有意であることを示している。

性別 と 毎食後に歯を磨いている のクロス表

			毎食後に歯を磨いている				合計
			あてはまる	ややあてはまる	あまりあてはまらない	あてはまらない	
性別	男性	度数	48	26	44	31	149
		期待度数	49.7	38.2	35.8	25.3	149.0
		調整済み残差	-.4	-3.2	2.2	1.7	
	女性	度数	52	51	28	20	151
		期待度数	50.3	38.8	36.2	25.7	151.0
		調整済み残差	.4	3.2	-2.2	-1.7	
合計		度数	100	77	72	51	300
		期待度数	100.0	77.0	72.0	51.0	300.0

- ［カイ2乗検定］の表にカイ2乗検定の結果が出力されている。［Pearsonのカイ2乗］が本章で説明した χ^2 統計量である。2×4表であったので自由度は(2−1)×(4−1)で3となっている。この自由度のもとで χ^2 値の出現確率（ p 値）が.003であるので帰無仮説を棄却し，クロス表の2変数の間に有意な関連があることを示している。

カイ 2 乗検定

	値	自由度	漸近有意確率 (両側)
Pearson のカイ 2 乗	14.192[a]	3	.003
尤度比	14.389	3	.002
線型と線型による連関	5.031	1	.025
有効なケースの数	300		

a. 0 セル (0.0%) は期待度数が 5 未満です。最小期待度数は 25.33 です。

- 2×2 表の場合は，自動的に［連続修整］として Yates の連続修整が出力され，また Fisher の直接確率法による検定結果も出力されます。

カイ 2 乗検定

	値	自由度	漸近有意確率 (両側)	正確な有意確率 (両側)	正確有意確率 (片側)
Pearson のカイ 2 乗	10.665[a]	1	.001		
連続修正[b]	9.912	1	.002		
尤度比	10.735	1	.001		
Fisher の直接法				.001	.001
線型と線型による連関	10.630	1	.001		
有効なケースの数	300				

a. 0 セル (0.0%) は期待度数が 5 未満です。最小期待度数は 61.09 です。
b. 2x2 表に対してのみ計算

7-3-2 関連係数に関する手順

① ［分析］─［記述統計］─［クロス集計表］で開く［クロス集計表］のダイアログボックス左側の変数リストから，層別するカテゴリ変数を［行］に，分布を知りたい変数を［列］に投入する。

② **2×2 表の場合** ［クロス集計表:統計量の指定］ダイアログボックスで［Phi および Cramer V］をチェックすると係数が出力され，［ガンマ］をチェックすると Yule の Q が出力される。また，［相対リスク］をチェックするとオッズ比が出力される。

③ **大きいクロス表の場合** ［クロス集計表：統計量の指定］ダイアログボックスで［Phi および Cramer V］をチェックすると Cramér の V が出力され，［ガンマ］をチェックするとガンマ係数が出力される。また，その他の関連係数についても該当するチェックボッ

クスがある。

- 2×2表の場合，事前に出力を指定していれば「対称性による類似度」の表にファイ係数，また「ガンマ」として Yule の Q が出力されます。

対称性による類似度

		値	漸近標準誤差[a]	近似 t 値[b]	近似有意確率
名義と名義	ファイ	-.189			.001
	Cramer の V	.189			.001
順序と順序	ガンマ	-.370	.103	-3.324	.001
有効なケースの数		300			

a. 帰無仮説を仮定しません。
b. 帰無仮説を仮定して漸近標準誤差を使用します。

- また，同じく 2×2 表について事前に出力を指定していれば「リスク推定」の表にオッズ比が出力されます。

リスク推定

	値	95% 信頼区間	
		下限	上限
性別 (男性/女性) のオッズ比	.460	.288	.735
コーホート 意識設問2 (2分) = 1 に対して	.728	.599	.885
コーホート 意識設問2 (2分) = 2 に対して	1.583	1.193	2.101
有効なケースの数	300		

- 大きいクロス表の場合も同様に，事前に出力を指定した関連係数が出力されます。独立変数と従属変数を明示的に区別しない対称な関連係数は「対称性による類似度」に，τ_b や Somers の d など非対称な関連係数は「傾向性による類似度」に出力されます。

対称性による類似度

		値	漸近標準誤差[a]	近似T[b]	近似有意確率
名義と名義	ファイ	.218			.003
	Cramer の V	.218			.003
順序と順序	ガンマ	-.182	.085	-2.126	.034
有効なケースの数		300			

a. 帰無仮説を仮定しません。
b. 帰無仮説を仮定して漸近標準誤差を使用します。

7-4 レポート・論文での示し方

7-4-1 示すべき情報

- 3章と同様にクロス表の形式で観測度数を示すのに加え，層別変数のカテゴリ周辺度数に対する相対度数（またはパーセンテージ）。残差分析について言及するのであれば，各セルの期待度数と調整済み標準残差を記してその有意性検定の結果。残差が有意なセルにアスタリスク（*）をつけるなどする。
- 独立性の検定結果については，カイ二乗値（χ^2）を自由度（df），p値，あるいは事前に設定した有意水準との大小関係（p）。2×2表の分析の Yates の補正が必要な場合はその値（χ_y^2）。本文中で言及するほか，クロス表の下に提示してもよい。
- 関連係数については，自分が用いるものの種類を明示した上でその数値を記す。有意確率については，クロス表自体について χ^2 検定をするので言及する意義は薄い。これについても本文中で言及するほか，クロス表の下に提示してもよい。

7-4-2 提示例

表　性別と歯磨き習慣

性別		毎食後に歯を磨いている				合計
		あてはまる	やや あてはまる	あまりあて はまらない	あて はまらない	
男性	度数	48	26	44	31	149
	期待度数	49.7	38.2	35.8	25.3	
	調整済み残差	−.4	−3.2**	2.2*	1.7	
女性	度数	52	51	28	20	151
	期待度数	50.3	38.8	36.2	25.7	
	調整済み残差	.4	3.2**	−2.2*	−1.7	
合計	度数	100	77	72	51	300

*$p<.05$, **$p<.01$

> 　上の表は，性別と食後の歯磨き習慣についてクロス集計をした結果である。χ^2 検定を行ったところこの2変数に有意な関連がみられた（$\chi^2(3) = 14.19, p<.001$）。各セルについて残差分析を行った結果，男性の「ややあてはまる」が少なく（$p<.01$），「あまりあてはまらない」が多いという有意な偏りがあった（$p<.05$）。
> 　また，Cramér の V は $V=.22$ であった。

まとめ

- 独立性の検定とは，クロス表を構成する2変数が ① においても関連があるといえるのか検証する方法である。
- 独立性の検定は ② 統計量を用いるため， ② 検定とよばれている。
- 現実のデータで出現した観測度数に対し，2変数が独立であるという帰無仮説のもとで出現すると考えられるセル度数を ③ 度数という。
- 2×2表において，双方のカテゴリに1か0のダミーコードを与えて相関係数を計算したものを特に ④ という。
- 少なくとも一方のカテゴリ数が3以上の大きいクロス表に用いる関連係数の1つで， ② 値を総度数とカテゴリ数とで調整したものを ⑤ という。

練習問題（データ 衛生観念 .sav）

① 変数 opinion1（不特定多数の利用物は触らない）と opinion2（毎食後に歯を磨いている）をクロス表分析し，この2変数について独立性の検定を行って結果を評価しよう。

② 上の問題と同じ2変数について，関連度の強さを確かめるにはいずれの関連係数が適切か考え，計算しよう。

③ さらに同じ2変数について，2変数の関連が有意だとすればいずれのセルが寄与したものか，残差分析を実行しよう。

8章 t 検定
2つの量的変数の平均値を検定する

8-1 目的

データの分析の基本の1つに，クロス集計のように独立変数のカテゴリごとに比較する層別の分析があります。たとえば社会調査データであれば下位集団（性，年齢層，居住地，社会階層，特定の財の保有・非保有など）間で比較したり，実験データであれば何らかの処理の2つの水準間で，あるいは**処理群**と**対照群**との間で比較したりするといったものです▶。本章で紹介する t **検定**▶は，そうした2つのグループの平均値の差を検定する方法です。

▶処理群は薬剤の投与や治療などの処理を行ったグループ，対照群は処理を行わなかった比較基準のグループです。後者は統制群ともいいます。

▶この手法を開発したギネスビールの技術者 W.S. Gosset（ゴセット）のペンネーム Student にちなんで，スチューデントの t 検定とも呼ばれます。t 統計量を使う検定は多くあるのですが，単に t 検定といった場合，2グループの平均値差の検定を指すことが定着しています。

図8.1　2つのグループ

母集団／母平均 μ_1／母分散 σ_1^2／母平均 μ_2／母分散 σ_2^2／標本／標本平均 $\bar{y}_1$／標本分散 s_1^2／ケース数 n_1／標本平均 $\bar{y}_2$／標本分散 s_2^2／ケース数 n_2／グループ1／グループ2

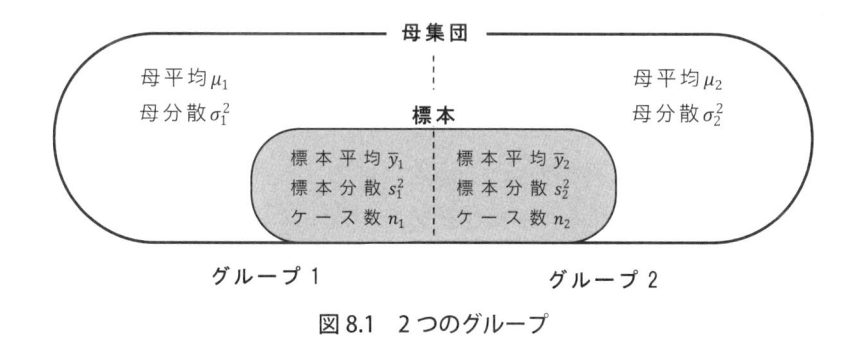

2つのグループ間で従属変数の標本平均 $\bar{y}_1$ と $\bar{y}_2$ の大小を比較すると，ほとんどの場合2つの平均値が一致することはありません。大きな差があるときもあれば，数値の差が小さなレベルにとどまるときもあります。しかしいま比べている標本平均の値は母平均に誤差をともなって出現していると考えられるので，標本平均 $\bar{y}_1$ と $\bar{y}_2$ の値に差があったとしてもそれは単に標本誤差によるものであり，母集団では2グループの平均に差

がないかもしれません。しかし無作為標本のデータにおいては，2グループの母平均の差についても標本誤差込みでどれくらいの範囲に収まるのか推定することができますので，それを用いて標本誤差を超える差があるか検証する手法がt検定です。

> 例　年収調査の結果，男性は603.5万円，女性は423.5万円でした。社員全体でも年収に男女差があるかt検定をします。

8-2　考え方

8-2-1　帰無仮説／対立仮説

t検定では，2つのグループが母集団においても平均値に差があるといえるのか検証するために以下のような仮説を立てます。

　　帰無仮説「2つのグループの母平均は等しい」（$H_0 : \mu_1 - \mu_2 = 0$）
　　対立仮説「2つのグループの母平均は異なる▶」（$H_1 : \mu_1 - \mu_2 \neq 0$）

▶ここでは両側検定を想定しています（6章参照）。

> 例　上の 例 では，帰無仮説「社員全体における男女の年収は同じ」，対立仮説「異なる」となります。

8-2-2　検定統計量 t

検定するには2つの標本平均の差 $d = \bar{y}_1 - \bar{y}_2$ の標本分布を調べればいいのですが，データによって変数の平均や分散は異なるので d を標準化します。その際に d の平均値と分散が必要ですが，2つのグループ1と2がそれぞれ母平均 μ_1 と μ_2，母分散 σ_1^2 と σ_2^2 の正規分布に従うとき d は平均 $\mu_1 - \mu_2$，分散 $\sigma_1^2 + \sigma_2^2$ の正規分布に従います▶。これらを用いると，d を標準化した z は以下のようになります。

▶ただし n_1, n_2 が十分大きいとき（目安として25～30以上）には母集団がどのような分布であっても d の平均と分散をこのように考えて構いません。

$$z = \frac{(\bar{y}_1 - \bar{y}_2) - (\mu_1 - \mu_2)}{\sqrt{\dfrac{\sigma_1^2}{n_1} + \dfrac{\sigma_2^2}{n_2}}}$$

帰無仮説 $H_0：\mu_1 - \mu_2 = 0$ が正しいとき，分子の一部が消えて以下のようになります。この z は標準正規分布に従います。

$$z = \frac{\bar{y}_1 - \bar{y}_2}{\sqrt{\dfrac{\sigma_1^2}{n_1} + \dfrac{\sigma_2^2}{n_2}}}$$

分母にある2つの母分散 σ_1^2, σ_2^2 は現実には未知であることが多いので，このままでは母平均の差を検定できないことになります。そこで，標本分散 s_1^2, s_2^2 をそれらの推定値として用いますが，2つの標本を合わせたより大きな標本を考えて以下のように計算します。

$$s_p^2 = \frac{(n_1 - 1)s_1^2 + (n_2 - 1)s_2^2}{n_1 + n_2 - 2}$$

これを**プールされた分散** s_p^2 といいます▶。z の母分散 σ_1^2, σ_2^2 に s_p^2 を代入したものを検定統計量 t として用います。これは自由度 $df = n_1 + n_2 - 2$ の t 分布に従います。

$$t = \frac{\bar{y}_1 - \bar{y}_2}{\sqrt{\dfrac{s_p^2}{n_1} + \dfrac{s_p^2}{n_2}}} = \frac{\bar{y}_1 - \bar{y}_2}{s_p \sqrt{\dfrac{1}{n_1} + \dfrac{1}{n_2}}}$$

▶標本分散 s_1^2, s_2^2 を別々に使うよりもサンプルが大きな s_p^2 のほうが推定の精度が高いからです。

8-2-3　Welch の t 検定

t 検定はパラメトリック検定なので母分散 σ_1^2, σ_2^2 が等しいという前提条件がありました▶。この等分散性が仮定できない場合には自由度を調整し，t 分布の形を補正する方法がとられます。この方法を **Welch の t 検定**といいます▶。この方法では，母分散 σ_1^2, σ_2^2 の推定値としてプールされた分散 s_p^2 ではなく各標本分散 s_1^2, s_2^2 をそのまま使い t 統計量を計算します。

▶6章参照．
▶SPSS で t 検定を実行すると，等分散性の検定も Welch（ウェルチ）検定も自動的に出力されます。等分散性の検定手法はいくつかありますが，SPSS では **Levene（ルビーン）検定**が出力されます。

$$t = \frac{\overline{y}_1 - \overline{y}_2}{\sqrt{\dfrac{s_1^2}{n_1} + \dfrac{s_2^2}{n_2}}}$$

調整された自由度df_Wは,$s_1^2 > s_2^2$とすると以下のようにして計算します。

$$df_W = \frac{(n_1-1)(n_2-1)}{(n_2-1)c^2 + (n_1-1)(1-c)^2} \quad \text{ただし} \quad c = \frac{\dfrac{s_1^2}{n_1}}{\dfrac{s_1^2}{n_1} + \dfrac{s_2^2}{n_2}}$$

8-2-4　対応のない標本／対応のある標本

以上のt検定で分析した2グループは,それぞれが関係ない標本によるものでした。これを**対応のない標本**▶といいます。

▶独立な標本ともいいます。

他方,関係のある標本からつくられたグループ間のt検定を行うこともあります。実験において同じ被験者にある処理をする前とした後の比較,消費者にコマーシャルを見せる前と後とで製品への好意度を測った場合,異なる時期に実施した社会調査で同じ対象者に同じLikert▶尺度の意識質問をした結果など,検定対象となるデータが2つのグループ間でペアとみなせる場合を**対応のある標本**といい,その場合のt検定を**対応のあるt検定**といいます。

▶Likert（リッカート）。

> 例　前回の年収調査（平均年収513.5万円）と同じ対象者に再度の結果,平均年収は520.8万円でした。ここから,社員全体の年収が増えているか対応のあるt検定をします。

対応のあるt検定では,以下のような検定統計量tを用います。

$$t = \frac{\overline{d}}{\dfrac{s_d}{\sqrt{N}}}$$

ここで $\bar{d}$ は対応している2つのデータの差の平均値，s_d は標準偏差，N はサンプルサイズです。これは自由度 $df = N-1$ の t 分布に従います。

8-2-5 効果量

検定結果だけでは効果の大きさがわからないため▶，t 検定では以下のような効果量がよく用いられます▶。

相関係数 r：t 値と自由度 df をもとに相関係数▶を計算できます。

$$r = \sqrt{\frac{t^2}{t^2 + df}}$$

$0 \leq r \leq 1$ の値をとり，効果の目安として以下のように解釈できます。

.10 →小，.30 →中，.50 →大

r は対応のない標本でも対応のある標本でも使えます。

Cohen の d：2つの平均値 $\bar{y}_1$ と $\bar{y}_2$ の差をプールされた標準偏差で割って標準化したものです。

$$d = \frac{\bar{y}_1 - \bar{y}_2}{\sqrt{\dfrac{(n_1-1)s_1^2 + (n_2-1)s_2^2}{n_1 + n_2 - 2}}}$$

平均値の差が標準偏差何個分かを示し，効果の目安として以下のように解釈できます。

.20 →小，.50 →中，.80 →大

8-3　前提条件

表 8.1 に前提条件をまとめます。t 検定は，サンプルサイズが大きければ正規性の条件を満たさなくても結果があまり変わらないことが知られています▶。この性質を**頑健性**といいます。そのため，分布が著しく歪んでいたり，はずれ値があるとき以外はそれほど神経質にならなくてもいいでしょう。

不等分散なデータに対しては頑健性がありませんので Welch の t 検定

▶6章参照。

▶利用頻度は Cohen（コーヘン）の d のほうが多いようですが，本書では他の検定の効果量とも比較しやすい r を使います。r や d 以外の効果量については岡田・大久保（2012）などを参照してください。

▶12章参照。2値変数と量的変数の特殊なケースなので**点双列相関係数**ともいわれます。

▶中心極限定理があるためです。目安として $N > 30$ が用いられます。

8章

で代替するのが一般的です。以前はあらかじめ等分散性の検定を確認してから Welch の t 検定にするかどうか決めるのが一般的で，SPSS でもデフォルトで等分散性の検定が一緒に出力されます。しかし最近では，等分散性の検定をしないで，頑健な Welch の t 検定がつねに使われることも多いです▶。

▶検定の多重性を避けられるという利点もあります（9章参照）。

▶本書では扱っていませんが，対応のない標本では Mann-Whitney の U 検定，対応のある標本では Wilcoxon（ウィルコクソン）の符号付順位和検定がよく使われます。

表 8.1　t 検定の前提条件・チェック方法・対処

前提条件	チェック方法	満たさない場合の対処
独立性	—	無作為抽出データの収集
正規性	歪度・尖度 正規性の検定 ヒストグラム 正規 Q-Q プロット	ノンパラメトリック検定▶
等分散性	等分散性の検定	Welch の t 検定

8-4　SPSS の手順（データ 年収調査 .sav）

8-4-1　対応のない標本

① ［分析］—［平均の比較］—［独立したサンプルの t 検定］
② 平均値を比較したい量的変数を［検定変数］，グループを区別する 2 値変数を［グループ化変数］へ投入し グループの定義

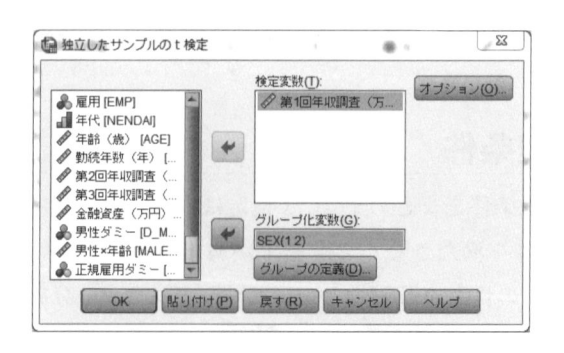

③ ［特定の値を使用］にグループを示す値をそれぞれ入力し 続行

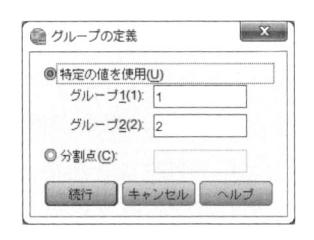

④ 必要な設定を終えたら $\boxed{\text{OK}}$

- 「グループ統計量」：グループ別の記述統計量。

グループ統計量

	性別	度数	平均値	標準偏差	平均値の標準誤差
第1回年収調査（万円）	男性	40	603.51	206.955	32.722
	女性	40	423.50	159.058	25.149

- 「独立サンプルの検定」：「等分散が仮定されている」行は通常のStudentの t 検定，「等分散が仮定されていない」行はWelchの t 検定の結果。

独立サンプルの検定

		等分散性のためのLeveneの検定		2つの母平均の差の検定						
		F値	有意確率	t値	自由度	有意確率(両側)	平均値の差	差の標準誤差	差の95%信頼区間	
									下限	上限
第1回年収調査（万円）	等分散を仮定する	3.981	.050	4.362	78	.000	180.012	41.270	97.849	262.175
	等分散を仮定しない			4.362	73.156	.000	180.012	41.270	97.763	262.261

> 「等分散性のためのLeveneの検定」：
> ◇ 「F値」：検定統計量の値。
> ◇ 「有意確率」：帰無仮説「2グループの母分散 $\sigma_1^2 = \sigma_2^2$」としたとき，「F値」以上が得られる確率。これが小さければ（$p < .05$ など），帰無仮説を棄却し「$\sigma_1^2 \neq \sigma_2^2$」と判断する▶。

> 「2つの母平均の差の検定」：
> ◇ 「t値」：検定統計量の値。
> ◇ 「自由度」：自由度。$(N_1 - 1) + (N_2 - 1)$。Welchの t 検定では調

▶一般的な教科書では，これが非有意なら「等分散を仮定する」行，有意なら「等分散を仮定しない」行を参照すると書かれていますが，本書では後者のみ参照することにします。

整されたもの。
- ◇「有意確率（両側）」：帰無仮説「2グループの母平均 $\mu_1 = \mu_2$」としたとき，「t値」（の絶対値）以上が得られる確率。これが小さければ（$p<.05$ など），帰無仮説を棄却し「$\mu_1 \neq \mu_2$」と判断する▶。

▶0.1%水準で有意，つまり母集団において男女社員の平均年収には差があると判断されます。

- ◇「平均値の差」：2グループの標本平均の差 $\bar{x}_1 - \bar{x}_2$。
- ◇「差の標準誤差」：平均値の差の標準誤差。
- ◇「差の95%信頼区間」：平均値の差の区間推定。

8-4-2 対応のある標本

① ［分析］—［平均の比較］—［対応のあるサンプルの t 検定］

② 平均値を比較したい2つの対応のある量的変数を［対応のある変数］ボックスに投入し $\boxed{\text{OK}}$

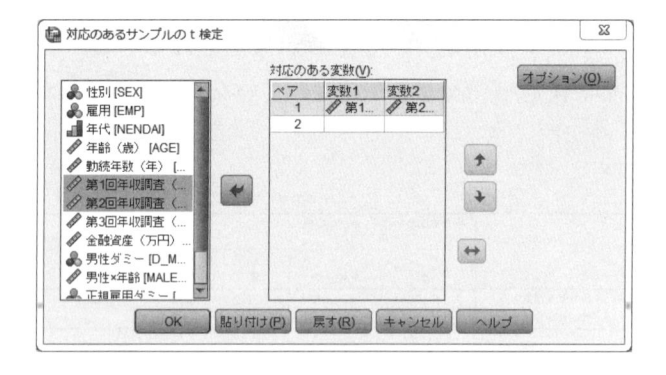

- 「グループ統計量」：2変数の記述統計量。

対応サンプルの統計量

		平均値	度数	標準偏差	平均値の標準誤差
ペア1	第1回年収調査（万円）	513.50	80	204.542	22.868
	第2回年収調査（万円）	520.81	80	209.776	23.454

▶12章参照。

- 「対応サンプルの相関係数」：2変数の相関係数▶。

対応サンプルの相関係数

		度数	相関係数	有意確率
ペア1	第1回年収調査（万円）& 第2回年収調査（万円）	80	.999	.000

- 「対応サンプルの検定」：

対応サンプルの検定

		対応サンプルの差					t値	自由度	有意確率(両側)
		平均値	標準偏差	平均値の標準誤差	差の95%信頼区間				
					下限	上限			
ペア1	第1回年収調査（万円）- 第2回年収調査（万円）	-7.313	11.484	1.284	-9.868	-4.757	-5.695	79	.000

> 「対応サンプルの差」：1つ目の変数と2つ目の変数の記述統計量と区間推定。
> 「t値」：検定統計量の値。
> 「自由度」：自由度 $N-1$。
> 「有意確率（両側）」：検定結果。帰無仮説「対応のある標本の母平均 $\mu_1 = \mu_2$」としたとき，「t値」（の絶対値）以上が得られる確率。これが小さければ（$p<.05$ など），帰無仮説を棄却し「$\mu_1 \neq \mu_2$」と判断する▶。

▶ 0.1%水準で有意，つまり母集団の平均年収は変化していると判断されます。

8-5　レポート・論文での示し方

8-5-1　示すべき情報

記述統計：標本別の平均値（M），標準偏差（SD），ケース数（n）
検定：t 値（t），自由度（df），有意確率（p），効果量（r や d など）
推定：信頼区間（95% CI [LL, UL]）

8-5-2 提示例

(対応のない標本の場合)

男性社員（$n = 40$）と女性社員（$n = 40$）の平均年収（万円）に差があるのか明らかにするためにWelchのt検定を行った。結果，男性（$M = 603.5, SD = 207.0$）と女性（$M = 423.5, SD = 159.1$）の平均年収には有意差がみられた（$t(73.16) = 4.36, p < .001$ ▶, $r = .44$ ▶, 95% CI [97.8, 262.3]）。

▶ 有意確率が0に近くSPSSの出力が「.000」となる場合，「$p = .000$」ではなく不等式で表記します。
▶ SPSSは直接出力しませんので，出力されたt値と自由度をもとに別途計算します。

(対応のある標本の場合)

第1回と第2回の調査で社員（$N = 80$）の平均年収（万円）に変化があるか明らかにするために対応のあるt検定を行った。結果，第1回調査（$M = 513.5, SD = 204.5$）と第2回調査（$M = 520.8, SD = 209.8$）の平均年収には有意差がみられた（$t(79) = -5.70, p < .001, r = .54$, 95% CI [-9.9, -4.8]）。

まとめ

- t 検定の目的は，2つのグループの母平均に差があるのか検定することである。
- 帰無仮説は「2つのグループの母平均は ① 」である。
- 互いに独立したデータを対応の ② 標本，被験者を2回測定したデータなどを対応の ③ 標本という。
- データの前提条件を満たさなくても，ある程度正しい結果を出す性質を ④ という。
- ⑤ の t 検定は，等分散性の前提条件について ④ をもつ。

練習問題 (データ 年収調査.sav)

① 「雇用」をグループ化変数として「第1回年収調査」の t 検定を行い，結果を解釈・記述しよう。

② 「第2回年収調査」「第3回年収調査」を使って対応のある t 検定を行い，結果を解釈・記述しよう。

9章 分散分析，多重比較
複数の平均値差を検定する

9-1 目的：複数グループ間の平均値に差はあるか？

分散分析▶は，複数グループ間の母平均の差を検定する手法です。前章の t 検定は2つのグループの母平均の差を検定するものでしたが，分散分析はそれ以上のグループも扱うことができます▶。関心は平均値の差なので，従属変数は t 検定と同様に量的変数です。また，グループを作る独立変数（要因）は質的変数ということになります。

▶Analysis of Varianceの頭文字からANOVA（アノーヴァ）と呼ぶこともあります。

▶2グループ→t 検定，3グループ以上→分散分析と書かれている教科書が多いですが，実際は2グループで分散分析をしても問題ありません。

例　3つの年代の平均年収は，母集団においても異なるのでしょうか。

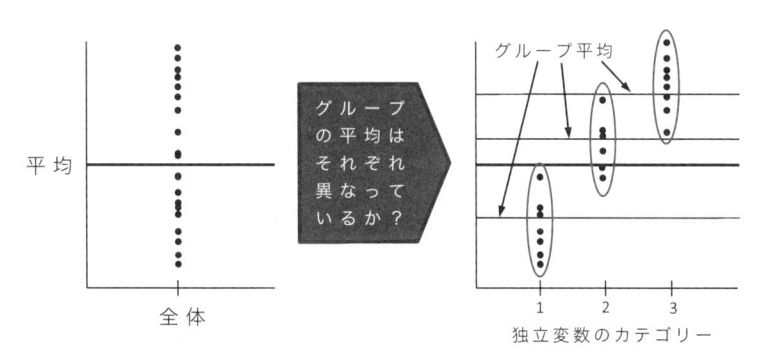

図9.1　全体の平均と各グループの平均

ただし2グループの標本平均の差を調整して検定統計量とした t 検定に対して，分散分析では「従属変数の値の散らばりは，独立変数によって説明できる」という**モデル分析**として問題を捉えます。

> 例 「年代によって平均年収が異なるのだろうか」という問題を,「年収額の散らばりは,年代の違いによって生じる部分が大きい」という統計モデルとして考えます。

9-2 考え方

9-2-1 用語

従属変数：平均値を計算する量的変数。
要因▶：グループをつくる質的変数。
水準：要因の各値。個々のグループ。
一元配置：要因が1つであること。2つの場合は二元配置,3つの場合は三元配置といいます。

▶要因（factor）なのでSPSSでは因子と訳されています。

> 例 年代（20代・30代・40代・50代）による平均年収の差を検定する場合,年収＝従属変数,年代＝1要因,20～50代＝4水準の一元配置分析となります。

9-2-2 基本モデル

いま「平均値」の差を問題にするのになぜ「分散分析」なのかという理由を考えてみましょう。従属変数は,個体によっていろいろな値に散らばっています。いま要因が1つの**一元配置分散分析**を例にすると,データ全体での従属変数の散らばりは,以下のように要素分解して考えることができます。

```
[データ全体の散らばり($SS_T$)] = [グループ間の散らばり($SS_B$)] + [グループ内の散らばり($SS_W$)]
```

図 9.2　データ値の散らばりの要素分解

　グループ間の散らばりとは「要因の水準の違いによって生じる従属変数の値の散らばり」ということで，グループ内の散らばりとは「モデルに投入する要因以外のすべての要因によって生じる，従属変数の値の散らばり」です。

> 例　年収全体の散らばりを，世代というグループ間の散らばりと，各世代グループ内における個々人の散らばりに分解できます。
> 図 9.2 は全ケースを合わせたデータ全体についての図式ですが，そこで挙げた散らばりを計算するために，ここでは各ケースの従属変数のデータ値を要素分解して考えます。

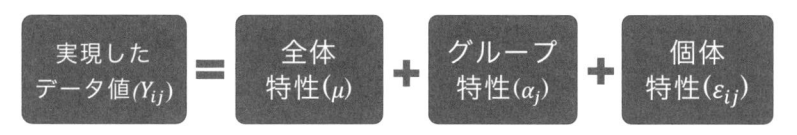

```
[実現したデータ値($Y_{ij}$)] = [全体特性($\mu$)] + [グループ特性($\alpha_j$)] + [個体特性($\varepsilon_{ij}$)]
```

図 9.3　各ケースのデータ値の要素分解

図 9.3 の各項の記号は，以下のような意味です。

- y_{ij}：要因の水準 j に所属する個体 i の，従属変数の標本データ値。
- μ：全体特性（全体効果）= 母平均。
- α_j：グループ特性（グループ j に所属する効果）。
- ε_{ij}：個体特性（グループ特性以外の効果）。

> 例 30代であるAさんの年収額は，母平均の年収額に加えて，30代の平均年収と，30代の中での個人差を表す額を加味して実現したものです。
>
> 個体ごとに定義した図9.3の記号を用いると，図9.2の図式は以下のようにして表現できます。

$$\sum_i \sum_j (y_{ij}-\bar{y})^2 = \sum_j n_j(\bar{y}_j-\bar{y})^2 + \sum_j \sum_i (y_{ij}-\bar{y}_j)^2$$

- 左辺は，母平均 μ のかわりに標本平均 $\bar{y}$ を用いて左辺に移項して平方和をとったもので，サンプル全体の分散の分子と同じになっています。
- 右辺の1つ目の項は，α_j を「各水準平均の全体平均からの偏差」と考えて $\bar{y}_j-\bar{y}$ で置き換え，その平方をサンプル全体で通算することで，グループ間の散らばりを表現しています。
- 右辺の2つ目の項は，ε_{ij} を「個々のデータ値の，所属する水準平均との偏差」$y_{ij}-\bar{y}_j$ で置き換え，その平方をサンプル全体で通算することで「グループ内の散らばり」を表現しています。

そもそも図9.2の図式において，それぞれの散らばりを SS_T, SS_B, SS_W と表現していたのは，この計算方法がそれぞれ平方和（Sum of Square）をとっているのでその頭文字を用いたのです▶。

▶ それぞれ $SS_T=SS_{Total}$, $SS_B=SS_{Between}$, $SS_W=SS_{Within}$ の意です。

> 例 グループ2に属する i さんのデータ値を3要素に分解しましょう。

①＝②＋③であるから

$$y_{12} - \bar{y} = (\bar{y}_2 - \bar{y}) + (y_{12} - \bar{y}_2)$$

これを一般化して平方和

$$\sum_i \sum_j (y_{ij} - \bar{y})^2$$

$$= \sum_j n_j (\bar{y}_j - \bar{y})^2 + \sum_j \sum_i (y_{ij} - \bar{y}_j)^2$$

$$\Rightarrow SS_T = SS_B + SS_W$$

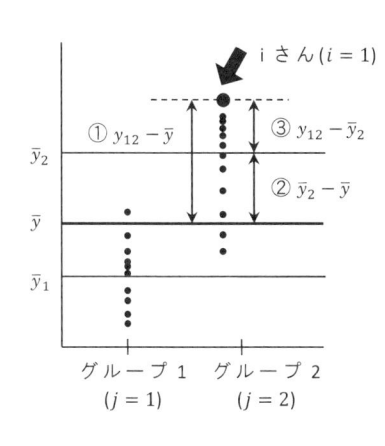

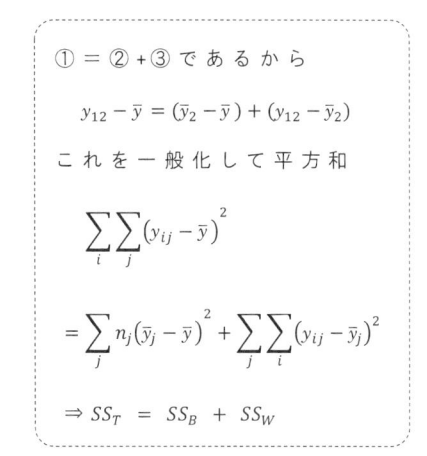

図 9.4　分散分析の基本モデル式とデータ値の関係

9-2-3　検定統計量 F

分散分析におけるモデルの検定とは，従属変数の値の散らばりに関して要因が十分な説明力を持つか否かを検証することです．図 9.2 の図式でいえば，SS_B が SS_W に対して十分大きなものであればその要因は従属変数の平均値に有意な差を生じさせているということになります．下の 2 つを比べてみましょう．

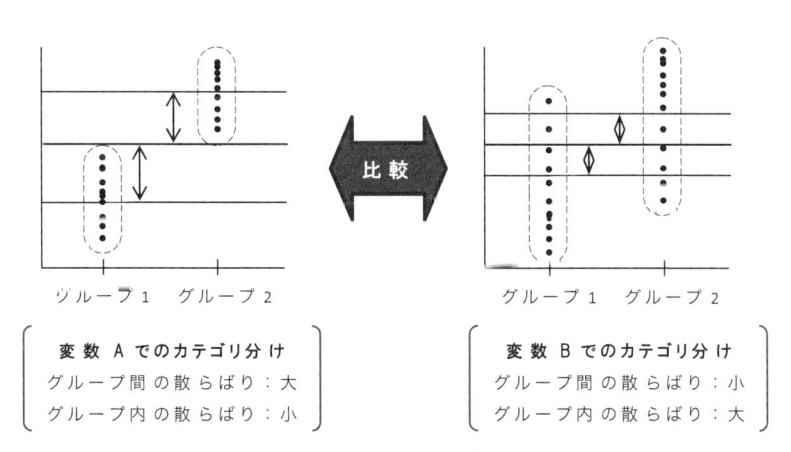

図 9.5　グループ化する変数の説明力

図9.5左はグループ間の散らばり（SS_B）が大きくてグループ内の散らばり（SS_W）が小さくなっているのに対し，右では，グループ間の散らばり（SS_B）が小さくてグループ内の散らばり（SS_W）が大きくなっています。したがって，従属変数の値の散らばりに対して要因の影響が有効であるかの検証には，自由度で調整したSS_BとSS_Wの比をとった次の検定統計量F（この式で計算される個々の値は「F値」）を用います▶。

▶分散化やF比ともいいます。もともと全体の散らばりの要因分析をした関係から，分子が大きくなると分母が小さくなり，分子が小さくなるほど分母が大きくなることに注意して下さい。

$$F = \frac{MS_B}{MS_W} = \frac{SS_B/(J-1)}{SS_W/(N-J)}$$

- Nはケース数，Jは水準（カテゴリ）数です。
- 分子MS_Bは，グループ間の散らばりSS_Bを自由度$J-1$で調整したもので，モデルによって説明できた散らばりです。
- 分母MS_Wは，グループ内の散らばりSS_Wを自由度$N-J$で調整したもので「モデルによって説明できなかった散らばり」です▶。

▶MSは平均平方（Mean Square）の略です。

モデルの検定にあたっては，次の帰無仮説と対立仮説を設定します。
- 帰無仮説H_0：すべての水準の母平均は等しい（$\mu_1 = \mu_2 = \cdots = \mu_j$）。
- 対立仮説H_1：1つないし複数の水準の母平均値は異なる。

以上，平方和SS，自由度df，平均平方MS，F値を一覧表にまとめたものを分散分析表といいます（表9.1）。

表9.1 一元配置分散分析における分散分析表

	SS	df	MS	F
グループ間	SS_B	$J-1$	$\dfrac{SS_B}{J-1}$	$\dfrac{MS_B}{MS_W}$
グループ内	SS_W	$N-J$	$\dfrac{SS_W}{N-J}$	
全体	SS_T	$N-1$	$\dfrac{SS_T}{N-1}$	

検定統計量F値は帰無仮説が正しいときにF分布に従うことが知られています。あらかじめ決めた有意水準αに対応する臨界値よりもF値が大きな値をとるならば，分子MS_Bが分母MS_Wに比べて十分大きい＝モデルに説明力がある（有意）ということなので帰無仮説を棄却します▶。

▶SPSSの分析結果では，帰無仮説を棄却するときの過誤の確率p値が出力されます。

9–3 多重比較——事後の検定

9-3-1 目的と多重検定の問題

　分散分析の結果から帰無仮説が棄却されて説明変数に有意な効果があったと判断できたとしても，それは「すべてのカテゴリの母平均が等しい」ということが否定されたにすぎません。3水準以上の要因を用いた分散分析で帰無仮説が棄却された後にやるべきことは，各水準間の平均値を比較してそれぞれの間に有意な差があるかを検定することです。これを**多重比較**といい，分散分析の後にすることという意味で**事後の検定**と呼びます。

　しかし，分散分析で平均の差を検定した個々のグループについて単純に 8 章で紹介した t 検定を繰り返してしまうと，**多重検定**という問題が生じてしまいます。

> 例　3水準の要因について，水準1と2の差，水準1と3の差，水準2と3の差の3回にわたって有意水準を5%とする t 検定を行うとき，3つの差が有意であることが同時に成り立つことを考えると，一度でもタイプ1のエラーを犯す確率は $1-(1-0.05)^3=14.3\%$ となって本来意図していた5%を大きく上回ってしまいます。

9-3-2 多重比較の方法

　ほとんどの多重比較の方法は，t 検定をより厳格に調整するような形で多くの方法が編み出されており[▶]，調整方法によって3つに大別できます[▶]。しかしここでは実用的に，SPSSに搭載された方法をどのような選択基準によって選ぶかという観点から紹介します。

[▶] 永田・吉田（1997）に詳しく紹介されています。

[▶] すなわち，①タイプ1のエラーの確率が大きくならないように2グループ間で検定する際の有意水準を調整する方法，②グループの差を検定する際に用いた t 分布の代わりに調整された別の分布を用いる方法，③検定統計量そのものを調整する方法の3つです。

等分散性が成り立つか否か

1つ目の選択基準は，水準間で分散が等しいかどうかです。これが成り立たない場合にはTamhaneのT2を用いたり，小標本の場合にDunnett▶のT3，大標本の場合にGames-Howell▶やDunnettのCを用いたりします。

対照群とのみ比較するか

次の選択基準は，多重比較をすべての水準間で行うのか，いずれかの基準となる水準（対照群）とのみ対比較するのかということです。この場合，SPSSではDunnettの方法が選べます。

各グループのサンプルサイズは等しいか

最後の選択基準は，各水準のサンプルサイズが等しいかどうかです。サンプルサイズが等しくないときは，帰無仮説を一度に検定するシングルステップ法としてTukey (-Kramer▶)，Scheffè▶，逐次的に仮説検定するステップワイズ法としてStudent–Newman–Keuls，Tukeyのb，Hochberg▶のGT2，Gabriel▶があります。サンプルサイズが等しいときは前述のサンプルサイズの等しくないときの諸方法に加えて，Fisherの最小有意差（3グループのときのみ▶），Bonferroni▶，R-E-G-WのFとQ▶，あるいはŠidák▶の方法が使えます。

9-3-3　多重比較の注意点

前節で紹介したように，SPSSでは数多くの方法が用意されています。Scheffeの方法やFisherの最小有意差などを除くと，これらのほとんどは分散分析と異なる統計量を用いるので，分散分析の結果と矛盾する結果を導くことがあります。また分散分析と多重比較の検定の多重性という点から，分散分析と多重比較をワンセットのようにして実行すべきでないという研究者もいます。しかし，論文などの実用においては多重比較を分散分析を「事後の検定」として実施しているケースも多いようです。

▶Dunnet（ダネット）。

▶Games-Howell（ジェームス-ハウェル）。

▶Kramer（クラマー）。
▶Scheffè（シェッフェ）。

▶Hochberg（ホフベルグ）。
▶Gabriel（ガブリエル）。

▶5グループ以上では有意差が検出しにくいと言われています。
▶Bonferroni（ボンフェローニ）。
▶Ryan-Einot-Gabriel-Welschの方法で，前者はF分布を,後者は調整された分布（Q）を使っています。
▶Šidák（シダック）。

9-4　補足：効果量

η^2（イータ2乗）：図9.2に示した，サンプル全体での散らばりの要素分解をもとに，全体平方和 SS_T に占めるグループ間平方和 SS_B の割合です。

$$\eta^2 = \frac{SS_B}{SS_T}$$

$0 \leq \eta^2 \leq 1$ の値をとり，従属変数の分散説明率として以下のように解釈できます。

分散分析で従属変数の散らばりの $\eta^2 \times 100\%$ が説明できた

また，効果の大きさとして以下のような目安が使われます。

.01 →小，.06 →中，.14 →大

ω^2（オメガ2乗）：母集団における効果量の推定値としては大きくなりすぎる η^2 に対して，不偏推定値の ω^2 が用いられることも多いです。解釈や目安は η^2 と同様です。

$$\omega^2 = \frac{SS_B - df_B MS_W}{SS_T + MS_W}$$

SPSS は η^2 も ω^2 も出力しませんので，分散分析表をもとに手計算する必要があります。

9-5　前提条件

t 検定（8章）と同様，独立性，正規性，等分散性を満たしている必要があります（表9.2）。

　正規分布から大きく離れている場合は何らかの変数変換を行うかノンパラメトリックな検定を用いるべきですが，分散分析は非正規性について頑健であり，ある程度大きなケース数が確保できるならばあまり気にしなくてもよいといわれています。

　各グループのケース数が概ね同数ならば頑健性があると言われていま

> ▶Welch の修整分散分析ともいいます。
> ▶Brown-Forsythe（ブラウン‐フォーサイス）。

すが，はじめから等分散性が仮定できなさそうなときは，SPSS のオプションから Welch 検定▶や Brown-Forsythe ▶検定を用います。

表 9.2　多元配置分散分析の前提条件・チェック方法・対処

前提条件	チェック方法	満たさない場合の対処
独立性	―	無作為抽出データの収集
正規性	歪度・尖度 正規性の検定 ヒストグラム 正規 Q-Q プロット	変数変換で分布を補正 ノンパラメトリック検定▶
等分散性	等分散性の検定 箱ひげ図	Welch 検定 Brown-Forsythe 検定

> ▶本書では扱っていませんが，一元配置分散分析の代替として Kruskal-Wallis 検定が使われることが多いです。

9-6　SPSS の手順（データ 年収調査 .sav）

① ［分析］―［平均の比較］―［一元配置分散分析］
② ［従属変数リスト］に平均値の差を分析したい変数を，また［因子］には要因を投入。

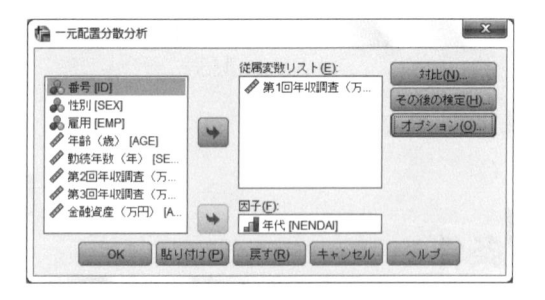

③ オプションをクリックし，必要に応じて以下を設定して 続行

- ➢ （記述統計量を出力したい場合）［記述統計量］にチェック。
- ➢ （平均値の折れ線グラフを出力したい場合）［等分散性の検定］にチェック。
- ➢ （Welch 検定を出力したい場合）［Welch］にチェック
- ➢ （平均値の折れ線グラフを出力したい場合）［平均値のプロット］にチェック。
④ 要因に 3 つ以上の水準（カテゴリ）がある場合には，その後の検定 をクリックし，多重比較の方法を選択して 続行

⑤ 必要な設定が終わったら OK

- 「記述統計」： オプション で［記述統計］にチェックすると出力される。

記述統計

第1回年収調査（万円）

	度数	平均	標準偏差	標準誤差	平均値の95% 信頼区間		最小	最大
					下限	上限		
20代	20	376.98	139.661	31.229	311.61	442.34	135	652
30代	20	491.06	155.253	34.716	418.40	563.72	252	827
40代	20	607.80	193.891	43.355	517.06	698.55	219	908
50代	20	578.16	242.571	54.241	464.64	691.69	206	958
合計	80	513.50	204.542	22.868	467.98	559.02	135	958

- 「等分散性の検定」： オプション で［等分散性の検定］にチェックするとLevene検定の結果が出力される。

  帰無仮説は「各グループの母分散は等しい」（$H_0: \sigma_1^2 = \sigma_2^2 = \cdots = \sigma_J^2$）。「有意確率」が大きければ（$p \geq .05$ など），各グループの母集団が等分散であると判断する。

等分散性の検定

第1回年収調査（万円）

Levene 統計量	自由度1	自由度2	有意確率
3.574	3	76	.018

帰無仮説が棄却されて等分散性の仮定が成り立ちません。この場合，Welchの検定などを用います。ただしこの例では，各グループのケース数が等しいので，等分散性が成り立たなくても分散分析を適用しても問題ありません。

- 「分散分析」：等分散性が成り立つときに参照する，分散分析表。分散分析ではもっとも重要な出力である。

分散分析

第1回年収調査（万円）

	平方和	自由度	平均平方	F値	有意確率
グループ間	644331.659	3	214777.220	6.135	.001
グループ内	2660819.986	76	35010.789		
合計	3305151.645	79			

年収は，1％水準で年代による有意な差があると判断されます。

> 「平方和」：
>   ◇ 「グループ間」：グループ間平方和 SS_B。
>   ◇ 「グループ内」：グループ内平方和 SS_W。

- ◇ 「合計」：全体平方和 SS_T。
- ➢ 「自由度」：各平方和の自由度 df。
- ➢ 「平均平方」：「平方和」÷「自由度」MS。
- ➢ 「F 値」：「グループ間」の「平方和」MS_B ÷「グループ内」÷「平均平方」MS_W。
- ➢ 「有意確率」：帰無仮説「すべてのグループの母平均が等しい」が正しいとき，「F 値」以上が得られる確率。これが小さければ（$p<.05$ など），帰無仮説を棄却し「いずれかのグループの母平均に差がある」と判断する。
- 「平均値同等性の耐久検定▶」：オプション で［Welch］にチェックすると出力される。等分散性が成り立たない場合のために調整された Welch 検定の結果。通常の分散分析と同様，帰無仮説「すべてのグループの母平均は等しい」が正しいとき，「有意確率」が小さければ（$p<.05$ など），帰無仮説を棄却し「いずれかのグループの母平均に差がある」と判断する。

▶原語は "Robust Tests of Equality of Means" なので「耐久検定」ではなく「頑健な検定」やそのまま「ロバスト検定」と訳すべきでしょう。

平均値同等性の耐久検定

第1回年収調査（万円）

	統計量[a]	自由度1	自由度2	有意確率
Welch	7.409	3	41.529	.000

a. 漸近的 F 分布

1% 水準で年代の有意差があると判断されます。

- 「多重比較」：［その後の検定］でいずれかの多重比較にチェックを入れた場合に出力される。平均値に有意な差のみられる水準（カテゴリ）のペアにアスタリスク（*）がつく。

多重比較

従属変数: 第1回年収調査（万円）
Dunnett C

(I) 年代	(J) 年代	平均差 (I-J)	標準誤差	95% 信頼区間	
				下限	上限
20代	30代	-114.084	46.695	-245.38	17.21
	40代	-230.827*	53.432	-381.07	-80.59
	50代	-201.186*	62.588	-377.17	-25.20
30代	20代	114.084	46.695	-17.21	245.38
	40代	-116.743	55.541	-272.92	39.43
	50代	-87.102	64.399	-268.18	93.98
40代	20代	230.827*	53.432	80.59	381.07
	30代	116.743	55.541	-39.43	272.92
	50代	29.641	69.439	-165.61	224.89
50代	20代	201.186*	62.588	25.20	377.17
	30代	87.102	64.399	-93.98	268.18
	40代	-29.641	69.439	-224.89	165.61

*. 平均の差は 0.05 水準で有意です。

- 「平均値のプロット」：［オプション］で［平均値のプロット］にチェックを入れた場合に出力される折れ線グラフ。

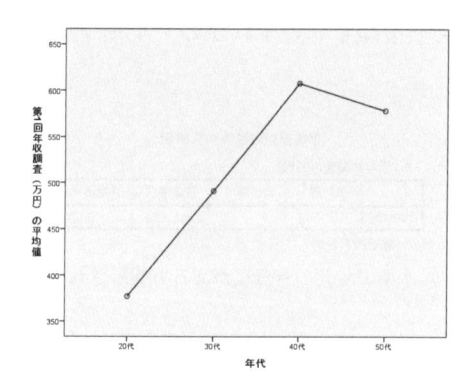

9-7 レポート・論文での示し方

9-7-1 示すべき情報

記述統計：平均値（M），標準偏差（SD），ケース数（n）

検定：F 値（F），SS_B と SS_W の自由度（df_B, df_W），有意確率（p），効果量（η^2 や ω^2 など）

9-7-2 提示例

年収(万円)を従属変数,年代(20代・30代・40代・50代)を要因とする一元配置分散分析を行った結果,有意差がみられた($F(3, 76) = 6.14, p<.001, \omega^2 = .16$)。

DunnettのCで多重比較を行ったところ,20代と40代,20代と50代に有意差がみられた($p<.05$)。

9-7-3 アレンジ

- 水準数が多いときは記述統計量を表にしたほうが親切です。
- 分散分析表を掲載することもあります。

紙幅に余裕のある場合は,以下のような**分散分析表**を提示することも読み手の理解を助けます。研究分野によって慣習的な提示方法を確認しましょう。

分散分析表:性別ごとの平均年収の差(第1回年収調査)

	平方和	自由度	平均平方	F値	有意確率
級間変動	644331.66	3	214777.22	6.14	.001
級内変動	2660819.99	76	35010.79		
全変動	3305151.65	79			

まとめ

- 分散分析は，複数グループの ① が異なるかどうかを検証するための手法である。
- 分散分析では，従属変数の値の散らばりに対して独立変数が説明要因として有効であるかを検証すべく， ② と呼ばれる統計量を用いてモデルの検定を行う。
- 検定の結果モデルが有意であっても，一部のグループ間では母平均が等しいといえるかもしれない。このような目的のため ③ 比較，あるいは ④ の検定と呼ばれる方法を分散分析に併用することがある。

練習問題 (データ 年収調査.sav)

① 第2回年収調査，第3回年収調査についても回答者年代によって差があるか，一元配置分散分析を使って検証しよう。
② 同様にして，金融資産についても回答者年代によって差があるか，一元配置分散分析を使って検証しよう。

10章 多元配置分散分析
複数の要因による平均値差を検定する

10-1　目的：複数要因によってつくられるグループの効果

2つ以上の要因を設定する分散分析を，**多元配置分散分析**といいます。一元配置分散分析（9章）と異なる点は，複数の要因からできる水準の組み合わせの効果を考慮するところです。このとき，個々の要因が従属変数に与える単独の効果を**主効果**，組み合わせによる効果を**交互作用効果**といいます。

> 例　性別（男性・女性）と雇用（正規・非正規）の2要因では，水準の組み合わせは男性正規，男性非正規，女性正規，女性非正規の4つです。性別と雇用の個々がもつ効果が主効果，組み合わせによる効果が交互作用効果です。

2要因 A と B で説明する二元配置分散分析を例に考えると，「平方和の分割」は以下のようになります（図10.1）。グループ間平方和（$SS_{Between}$）を2要因の主効果と交互作用効果に分割することになります。

▶要因 B による平方和 SS_B と重複しないように一元配置分散分析のときと記号を変えていますので注意してください。

全体の散らばり（SS_t）＝グループ間の散らばり（$SS_{Between}$）＋グループ内の散らばり（SS_W）

グループ間の散らばり（$SS_{Between}$）＝要因Aによる散らばり（SS_A）＋要因Bによる散らばり（SS_B）＋交互作用による散らばり（SS_{AB}）

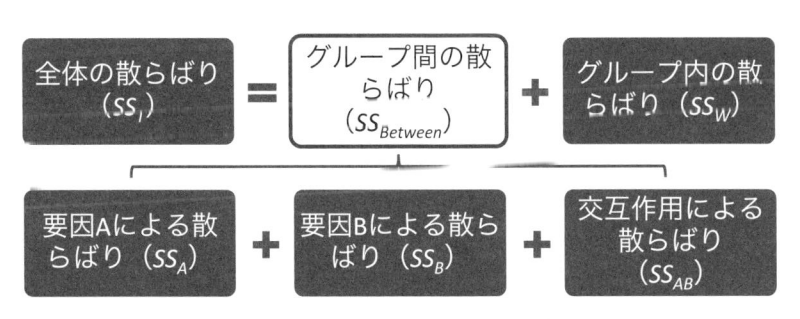

図10.1　二元配置分散分析における平方和の分割

10章

▶それ以上の要因数の多元配置分散分析も可能ですが，解釈が難しくなるためあまり行われません。

同様に，3要因 A, B, C の三元配置分散分析では，$SS_T = SS_A + SS_B + SS_C + SS_{AB} + SS_{AC} + SS_{BC} + SS_{ABC} + SS_W$ と平方和を分割し，4つの交互作用を考えます▶。

以降では，煩雑さを避けるために二元配置分散分析を考えます。

10-2 考え方

10-2-1 折れ線グラフで考える

サンプルにおける主効果と交互作用は，各水準の平均値から作成した折れ線グラフをみると容易に確認できます▶。

▶SPSSでは多元配置分散分析の出力に折れ線グラフを付加する機能があります。最初にグラフを確認すると分析結果が理解しやすくなります。

主効果は以下のように折れ線グラフにあらわれます。
- 線に設定した要因の主効果がある→折れ線が離れる。
- 軸に設定した要因の主効果がある→折れ線に傾きがある。

|例| 上の |例| で主効果は以下のように表されます。

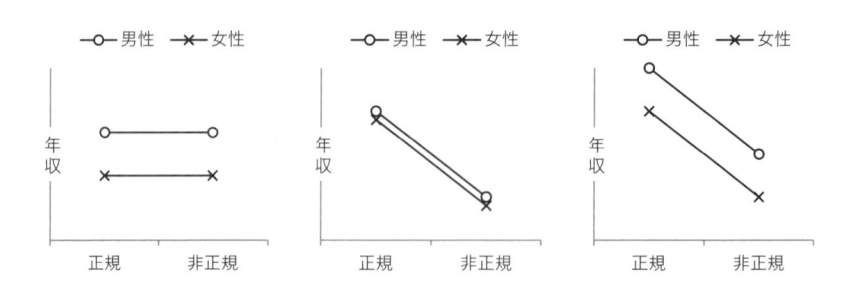

(a) 性別の主効果あり　(b) 雇用の主効果あり　(c) 両方の主効果あり

図 10.2　主効果と折れ線グラフ

他方，交互作用があるときは，折れ線の傾きが異なります。

例 上の 例 で交互作用効果は以下のように表されます。

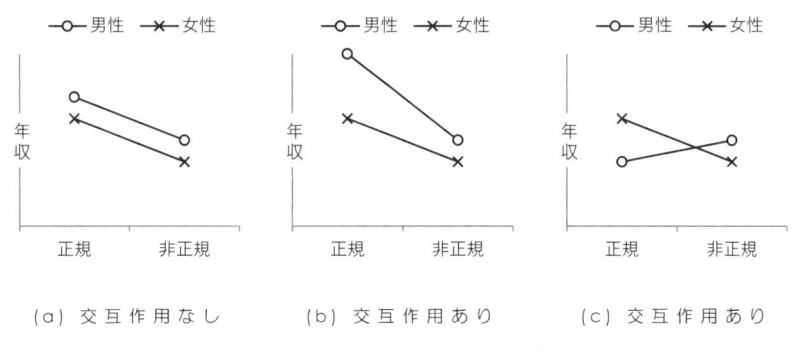

(a) 交互作用なし　　(b) 交互作用あり　　(c) 交互作用あり

図 10.3　交互作用効果と折れ線グラフ

10-2-2　帰無仮説／対立仮説

母集団において主効果・交互作用効果があるのか検定するために帰無仮説と対立仮説を立てます。

要因 A の水準数を J とし各水準の母平均を $\alpha_1, \alpha_2, \cdots, \alpha_J$，要因 B の水準数を K とし各水準の母平均を $\beta_1, \beta_2, \cdots, \beta_K$ とすると帰無仮説は以下のようになります。

- 要因 A による主効果の帰無仮説 $H_0 : \alpha_1 = \alpha_2 = \cdots = \alpha_J$
- 要因 B による主効果の帰無仮説 $H_0 : \beta_1 = \beta_2 = \cdots = \beta_K$
- 交互作用効果 AB の帰無仮説 $H_0 : \alpha_1 \beta_1 = \alpha_1 \beta_2 = \cdots = \alpha_J \beta_K$

それぞれの対立仮説は，「＝」のうち少なくとも1つが「≠」になったものになります。

例 年収を従属変数，性別（男性・女性）と雇用（正規・非正規）を要因として二元配置分散分析をすると，帰無仮説は以下のようになります。
- 性別の主効果の帰無仮説「男性＝女性」

10章

- 雇用の主効果の帰無仮説「正規＝非正規」
- 性別×雇用の交互作用効果の帰無仮説「男性正規＝男性非正規＝女性正規＝女性非正規」

10-2-3 平方和の計算

二元配置分散分析では平方和を $SS_T = SS_{Between} + SS_W$ と分割し，さらに主効果・交互作用効果を考えるために $SS_{Between} = SS_A + SS_B + SS_{AB}$ と分割しました．各平方和の計算は一元配置と同様ですが，交互作用効果はグループ間平方和をもとにして $SS_{AB} = SS_{Between} - SS_A + SS_B$ と計算します．

例 性別×雇用4グループ各5名の平均年収（単位：百万円）。

	正規 ($n=10$)	非正規 ($n=10$)	全体 ($N=20$)
男性 ($n=10$)	6.8（分散 2.6）	3.6（分散 2.3）	5.2
女性 ($n=10$)	5.2（分散 2.5）	3.3（分散 2.3）	4.3
全体 ($N=20$)	6.0	3.5	4.7

$SS_{Between}$ ＝各グループのケース数×（平均値－全体平均）^{2} の合計
$= 5(6.8-4.7)^2 + 5(3.6-4.7)^2 + 5(5.2-4.7)^2$
$+ 5(3.3-4.7)^2 = 39.2$

SS_A ＝男女別ケース数×（平均値－全体平均）^{2} の合計
$= 10(5.2-4.7)^2 + 10(4.3-4.7)^2 = 4.1$

SS_B ＝雇用別ケース数×（平均値－全体平均）^{2} の合計
$= 10(6.0-4.7)^2 + 10(3.5-4.7)^2 = 31.3$

$SS_{AB} = SS_{Between} - SS_A - SS_B$
$= 39.2 - 4.1 - 31.3 = 3.8$

SS_W ＝各グループ内の分散×（ケース数－1）の合計
$= 2.6(5-1) + 2.3(5-1) + 2.5(5-1) + 2.3(5-1) = 38.8$

10-2-4 検定統計量 F

二元配置分散分析では，分割した要因 A の平方和 SS_A，要因 B の平方和 SS_B，交互作用の平方和 SS_{AB} がそれぞれグループ内平方和 SS_W と比べてどれくらい大きいか考えます。その際，各平方和を自由度で割った平均平方 MS の比を用います。

以上を分散分析表にまとめます（表10.1）。主効果と交互作用効果についてそれぞれ F 値が計算されますので，あとは一元配置分散分析と同様，F 分布を利用して検定を行います。

表 10.1　二元配置分散分析における分散分析表

	SS	df	MS	F
要因 A	SS_A	$J-1$	$\dfrac{SS_A}{J-1}$	$\dfrac{MS_A}{MS_W}$
要因 B	SS_B	$K-1$	$\dfrac{SS_B}{K-1}$	$\dfrac{MS_B}{MS_W}$
交互作用 AB	SS_{AB}	$(J-1)(K-1)$	$\dfrac{SS_{AB}}{(J-1)(K-1)}$	$\dfrac{MS_{AB}}{MS_W}$
グループ内	SS_W	$N-JK$	$\dfrac{SS_W}{N-JK}$	
全体	SS_T	$N-1$	$\dfrac{SS_T}{N-1}$	

10-3　補足

10-3-1　単純主効果

交互作用があるときは，それぞれの主効果を単純に解釈できないため，要因 $A(B)$ の水準ごとに要因 $B(A)$ の効果をみる必要があります。これを**単純主効果**といいます。

> 例　上の例で交互作用があるとき，以下の単純主効果を調べます。①男性における雇用差，②女性における雇用差，③正規における男女差，④非正規における男女差。

そのため多元配置分散分析では，まず交互作用の有意性を確認し，有意であれば単純主効果を確認，有意でなければ主効果を確認します。

```
交互作用を確認 ─┬─ 有意 ── 単純主効果を確認
                └─ 非有意 ── 主効果を確認
```

図 10.4　多元配置分散分析の手順

10-3-2　効果量

一元配置分散分析と同様，全体平方和 SS_T に占めるある要因の平方和 SS_A ▶の割合を示す η^2 やその不偏推定値の ω^2 が用いられます。

$$\eta^2 = \frac{SS_A}{SS_T}$$

$$\omega^2 = \frac{SS_A - df_A MS_W}{SS_T + MS_W}$$

さらに多元配置分散分析では，ある要因の平方和 SS_A ＋グループ内平方和 SS_W を分母とする η_p^2（偏イータ2乗）が使われることもあります▶。

$$\eta_p^2 = \frac{SS_A}{SS_A + SS_W}$$

η_p^2 は，要因が増えると小さくなるという η^2 の欠点をクリアできる反面▶，直感的な解釈がしにくいです。

つねに $\omega^2 < \eta^2 \leq \eta_p^2$ となりますが，目安は η^2 と同じものを用いていいでしょう。

.01 → 小，.06 → 中，.14 → 大

SPSS は η_p^2 のみを出力しますので，η^2 や ω^2 を報告したいときは分散分析表をもとに計算しましょう。

▶記述を簡単にするために要因 A の記号を使っています。他の要因や交互作用にもあてはまりますので適宜読み替えてください。

▶母集団における η_p^2 の不偏推定値である ω_p^2（**偏オメガ2乗**）が使われることもあるようです。他にも多くの効果量があります。計算方法は大久保・岡田（2012）などを参照してください。

▶一元配置分散分析では $\eta^2 = \eta_p^2$ ですが，要因が増えるごとに $\eta^2 < \eta_p^2$ に乖離していきます。

10-4　前提条件

　t 検定（8 章）や一元配置分散分析（9 章）と同様の前提条件です（表 10.2）。サンプルサイズが大きいときは正規性について，各グループのサンプルサイズが等しいときは等分散性について頑健性があることが知られていますので神経質にならなくてもいいでしょう。Welch 検定や Brown-Forsythe 検定は実装されていませんので，等分散性が仮定できないときは工夫が必要です▶。

▶水準の組み合わせを 1 変数に加工して一元配置分散分析にしたり，狭義の分散分析からははずれますがロバスト回帰を使ったりということが考えられます。

表 10.2　多元配置分散分析の前提条件・チェック方法・対処

前提条件	チェック方法	満たさない場合の対処
独立性	—	無作為抽出データの収集
正規性	歪度・尖度 正規性の検定 ヒストグラム 正規 Q-Q プロット	変数変換で分布を補正
等分散性	等分散性の検定 箱ひげ図	

10-5　SPSS の手順（データ 年収調査.sav）

10-5-1　主効果と交互作用の検定

① ［分析］—［一般線型モデル］—［1 変量▶］
② 従属変数を［従属変数］，要因を［固定因子］ボックスに投入。

▶このメニューから一元配置分散分析を行うこともできます。

10 章

③ 　モデル をクリックし，必要に応じて以下を設定して 続行

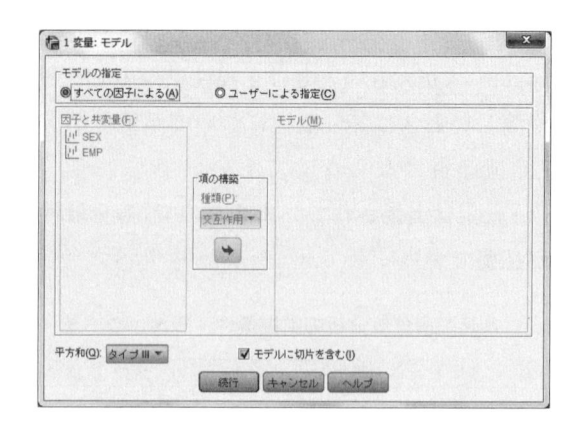

> （投入する変数を指定したい場合▶）［ユーザーによる指定］をクリックし，［因子と共変量］からモデルに組み込みたい要因，［種類］から形式を選び，［モデル］ボックスに投入。

▶デフォルトでは主効果＋交互作用というモデルが構築されます。交互作用項なしの分散分析をしたい場合は［種類］から［主効果］を選択してください。

④ 　作図 をクリックし，必要に応じて以下を設定して 続行

> 軸に設定したい要因を［横軸］，線に設定したい要因を［線の定義変数］ボックスに投入し 追加

⑤ （多重比較をしたい場合） その後の検定 をクリックし，必要に応じて以下を設定して 続行

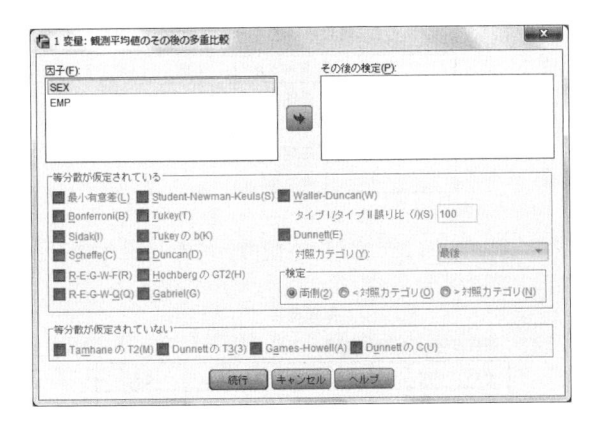

10-5 SPSS の手順

> 3水準以上の要因を［その後の検定］ボックスに投入。
> 分析手法にチェック。

⑥ オプション をクリックし，必要に応じて以下を設定して 続行

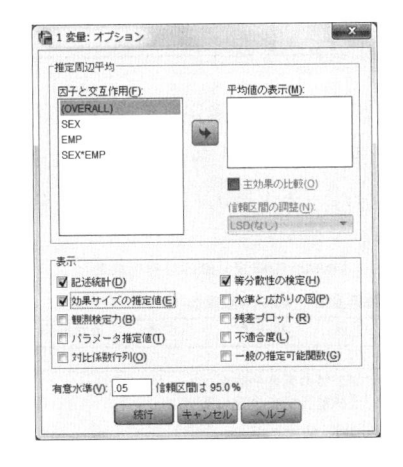

> （平均値と標準偏差を出力したい場合）［記述統計］にチェック。
> （等分散性の検定をしたい場合）［等分散性の検定］にチェック。
> （効果量 η_p^2 を出力したい場合）［効果サイズの推定値］にチェック。

⑦ 必要な設定が終わったら OK

- 「被験者間因子」：［固定因子］に投入した要因における各水準の度数。

10 章

被験者間因子

		値ラベル	度数
性別	1	男性	40
	2	女性	40
雇用	1	正規	49
	2	非正規	31

- 「記述統計」：オプション で［記述統計］にチェックすると出力される。

記述統計
従属変数：第1回年収調査（万円）

性別	雇用	平均	標準偏差	度数
男性	正規	684.01	170.337	30
	非正規	362.01	75.521	10
	合計	603.51	206.955	40
女性	正規	523.02	153.906	19
	非正規	333.45	100.464	21
	合計	423.50	159.058	40
合計	正規	621.58	180.813	49
	非正規	342.66	92.864	31
	合計	513.50	204.542	80

- 「Levene の誤差分散の等質性検定」：［等分散性の検定］にチェックすると出力される。帰無仮説は「各グループの母分散は等しい」。非有意（$p \geq .05$ など）ならば各水準の母集団が等分散であると判断する。

Levene の誤差分散の等質性検定[a]
従属変数：第1回年収調査（万円）

F値	自由度1	自由度2	有意確率
3.041	3	76	.034

従属変数の誤差分散がグループ間で等しいという帰無仮説を検定します。

a. 計画：切片 + SEX + EMP + SEX * EMP

有意なため，等分散性は仮定できないと判断できますが，そのまま分析を続けることにします。

- 「被験者間効果の検定」：分散分析表だが，SPSS は付加的な情報も出力するため前掲した表10.1のような通常のものとはやや異なる。通常は最初に交互作用の有意性を確認し，非有意ならば要因の主効果の有意性を確認，有意ならば要因の主効果を無視して単純主効果の検定を行う。

被験者間効果の検定

従属変数: 第1回年収調査(万円)

ソース	タイプⅢ平方和	自由度	平均平方	F値	有意確率	偏イータ2乗
修正モデル	1784171.74[a]	3	594723.915	29.717	.000	.540
切片	15495243.24	1	15495243.24	774.263	.000	.911
SEX	153810.315	1	153810.315	7.686	.007	.092
EMP	1120367.576	1	1120367.576	55.982	.000	.424
SEX * EMP	75085.422	1	75085.422	3.752	.056	.047
誤差	1520979.901	76	20012.893			
総和	24399821.48	80				
修正総和	3305151.645	79				

a. R2乗 = .540 (調整済み R2乗 = .522)

- 「タイプⅢ平方和」:
  - 「修正モデル」: グループ間平方和 $SS_{Between}$。
  - 「切片」: 参照不要。
  - 「要因 A」: 要因 A の主効果 SS_A。
  - 「要因 B」: 要因 B の主効果 SS_B。
  - 「要因 A * 要因 B」: 交互作用効果 SS_{AB}。
  - 「誤差」: グループ内平方和 SS_W。
  - 「合計」: 参照不要。
  - 「修正総和」: 全体平方和 SS_T。
- 「自由度」: 自由度 df。
- 「平均平方」:「タイプⅢ平方和」÷「自由度」。
- 「F値」:「平均平方」÷「誤差」の「平均平方」。
- 「有意確率」: 帰無仮説「母平均が等しい」が正しいとき,「F値」以上が得られる確率。これが小さければ ($p<.05$ など), 帰無仮説を棄却し「母平均に差がある」と判断する▶。 ▶性別と雇用の主効果が5％水準で有意と判断されます。
- 「偏イータ2乗」: オプション で [効果サイズの推定値] にチェックすると出力される。効果量 η_p^2。
- 「a. R2乗」: 決定係数▶ $R^2 = \dfrac{SS_{Between}}{SS_T}$。「修正モデル」の $\eta^2 = \eta_p^2$ と等しい。このモデルで従属変数の何％が説明されたかを示す。 ▶13章参照。

- 「プロファイルプロット」：作図 で指定した平均値の折れ線グラフ。

▶前掲の図 10.2（c）か図 10.3（b）に近い形です。

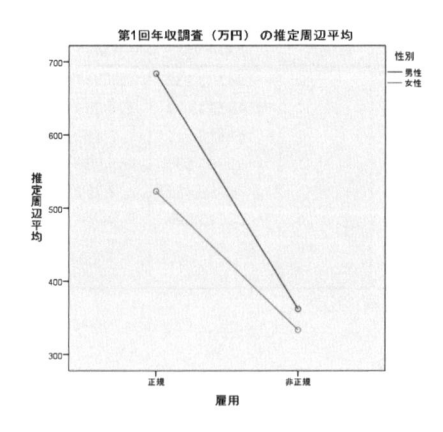

10-5-2　単純主効果の検定

　交互作用が有意となった場合，要因 $A(B)$ の水準ごとに要因 $B(A)$ の分散分析・多重比較を行う。

① ［分析］─［一般線型モデル］─［1 変量］
② 従属変数を［従属変数］，要因を［固定因子］ボックスに投入。
③ オプション をクリックし，必要に応じて以下を設定して 続行

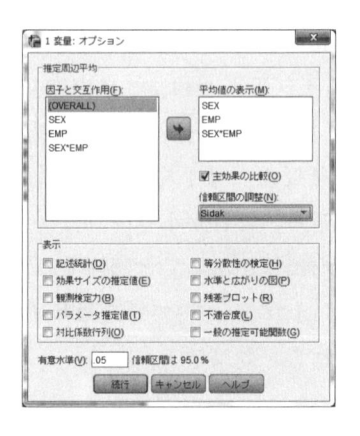

➢ ［因子と交互作用］ボックスから要因と交互作用を選び，［平均値の表示］ボックスに投入。

> ［主効果の比較］にチェックし，［信頼区間の調整▶］から［Bonferroni］か［Sidak］を選択。

④ 貼り付け をクリック。

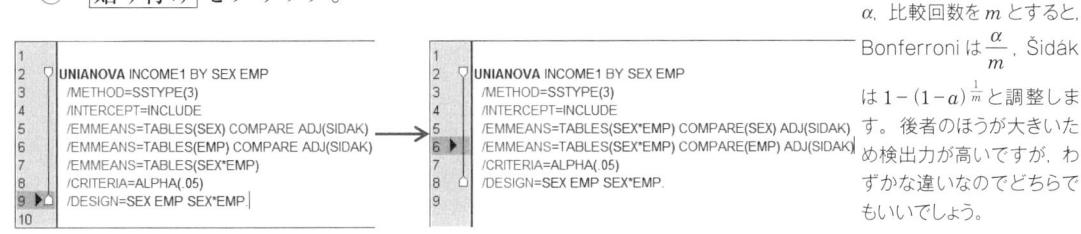

```
UNIANOVA INCOME1 BY SEX EMP
  /METHOD=SSTYPE(3)
  /INTERCEPT=INCLUDE
  /EMMEANS=TABLES(SEX) COMPARE ADJ(SIDAK)
  /EMMEANS=TABLES(EMP) COMPARE ADJ(SIDAK)
  /EMMEANS=TABLES(SEX*EMP)
  /CRITERIA=ALPHA(.05)
  /DESIGN=SEX EMP SEX*EMP.
```

→

```
UNIANOVA INCOME1 BY SEX EMP
  /METHOD=SSTYPE(3)
  /INTERCEPT=INCLUDE
  /EMMEANS=TABLES(SEX*EMP) COMPARE(SEX) ADJ(SIDAK)
  /EMMEANS=TABLES(SEX*EMP) COMPARE(EMP) ADJ(SIDAK)
  /CRITERIA=ALPHA(.05)
  /DESIGN=SEX EMP SEX*EMP.
```

▶SPSSではLSD，Bonferroni，Šidákの方法から選択できます。LSD法（調整なし）のとき有意水準をα，比較回数をmとすると，Bonferroniは$\dfrac{\alpha}{m}$，Šidákは$1-(1-\alpha)^{\frac{1}{m}}$と調整します。後者のほうが大きいため検出力が高いですが，わずかな違いなのでどちらでもいいでしょう。

> シンタックスエディタが起動し，上で指定した操作がコマンドとして記述されるので，

/EMMEANS=TABLES(A)　COMPARE ADJ(SIDAK)

/EMMEANS=TABLES(B)　COMPARE ADJ(SIDAK)

/EMMEANS=TABLES(A*B)

を以下2行に変更する。

/EMMEANS=TABLES(A*B)　COMPARE(A)　ADJ(SIDAK)

/EMMEANS=TABLES(A*B)　COMPARE(B)　ADJ(SIDAK)

⑤ ［実行］―［すべて］

- 「推定周辺平均」以降を参照。
- 「推定値」：TABLES()で指定した交互作用における各水準の平均値，標準誤差，信頼区間。

推定値

従属変数: 第1回年収調査（万円）

性別	雇用	平均	標準誤差	95% 信頼区間	
				下限	上限
男性	正規	684.007	25.828	632.566	735.448
	非正規	362.007	44.736	272.908	451.106
女性	正規	523.017	32.455	458.378	587.656
	非正規	333.451	30.871	271.967	394.935

10章

- 「ペアごとの比較」：COMPARE()で指定した要因の多重比較を，指定しなかったほうの要因の水準ごとに行う。調整方法はADJ()で指定したもの。

ペアごとの比較

従属変数: 第1回年収調査（万円）

雇用	(I) 性別	(J) 性別	平均値の差 (I-J)	標準誤差	有意確率[b]	95% 平均差信頼区間[b]	
						下限	上限
正規	男性	女性	160.990*	41.478	.000	78.380	243.600
	女性	男性	-160.990*	41.478	.000	-243.600	-78.380
非正規	男性	女性	28.556	54.353	.601	-79.698	136.810
	女性	男性	-28.556	54.353	.601	-136.810	79.698

推定周辺平均に基づいた

*. 平均値の差は .05 水準で有意です。

b. 多重比較の調整: Sidak。

- 「1変量検定」：COMPARE()で指定した要因の分散分析を，指定しなかったほうの要因の水準ごとに行う。

1 変量検定

従属変数: 第1回年収調査（万円）

雇用		平方和	自由度	平均平方	F 値	有意確率
正規	対比	301492.130	1	301492.130	15.065	.000
	誤差	1520979.901	76	20012.893		
非正規	対比	5523.961	1	5523.961	.276	.601
	誤差	1520979.901	76	20012.893		

F 値は 性別 の多変量効果を検定します。このような検定は推定周辺平均間で線型に独立したペアごとの比較に基づいています。

> 問 上で掲載しなかった，COMPARE(EMP) ADJ(SIDAK) による「ペアごとの比較」と「1 変量検定」を解釈しましょう。

10-6　レポート・論文での示し方

10-6-1　示すべき情報

記述統計：平均値 (M)，標準偏差 (SD)，ケース数 (n)

検定：F 値（F），自由度（df），有意確率（p），効果量（η^2, η_p^2, ω^2, ω_p^2 など）

10-6-2 提示例

> 年収（万円）を従属変数，性別（男性・女性）×雇用（正規・非正規）を要因とする二元配置分散分析を行った。男性（M = 603.5, SD = 207.0, n = 40）は女性（M = 423.5, SD = 159.1 n = 40）よりも年収が高く，性別の主効果は有意であった（$F(1, 76)$ = 7.69, p = .007, ω^2 = .04）。また，正規（M = 621.6, SD = 180.8, n = 49）は非正規（M = 342.7, SD = 92.9, n = 31）よりも年収が高く，雇用の主効果も有意であった（$F(1, 76)$ = 55.98, p <.001, ω^2 = .33）。それらの交互作用効果は有意ではなかった（$F(1, 76)$ = 55.98, p = .056, ω^2 = .02）。

10-6-3 アレンジ

- グループが多いときは記述統計量を表にしたほうが親切です。
- 分散分析表を掲載することもあります。
- 必要に応じて多重比較や単純主効果の結果も報告します▶。

▶一元配置分散分析（9 章）と同様です。

10章

まとめ

- 多元配置分散分析の目的は，複数の要因からつくられるグループの母平均に差があるか検定することである。
- 各要因の単独の効果を ① 効果，複数要因の組み合わせによる効果を ② 効果という。
- ② が有意なとき，① をそのまま解釈できないため，一方の要因の水準ごとにもう一方の要因の ③ 効果を検定する。
- ある要因の平方和÷グループ内平方和に占めるその平方和の割合を効果量 ④ という。

練習問題（データ 年収調査.sav）

「第1回年収調査」を従属変数，「性別」と「年代」を要因とする二元配置分散分析を行い，結果を解釈・記述しよう。

11 章 反復測定分散分析
同じ対象から測定した平均値差を検定する

11-1　目的：各測定の平均値に差はあるか？

　同じ対象を何回か繰り返し測定した変数を水準として扱う分散分析を，**反復測定分散分析**といいます▶。対応のある標本の t 検定では測定回数は2回まででしたが▶，反復測定分散分析ではそれ以上の測定回数を扱うことができます。その何回かの測定で平均値が変化しているかどうかを検定することが目的です。

▶通常の被験者間計画に対して，こうした実験計画を**被験者内計画**といいます。
▶8章参照。もちろん，反復測定分散分析で測定回数2回のデータを扱うこともできます。

11-2　考え方

11-2-1　平方和の分割

　通常の分散分析では，全体の散らばりをグループ間とグループ内に分割しましたが（$SS_T = SS_B + SS_W$），反復測定分散分析ではさらにグループ内の散らばりを測定間のものとそれ以外に分割します（$SS_W = SS_M + SS_R$）（図11.1）。

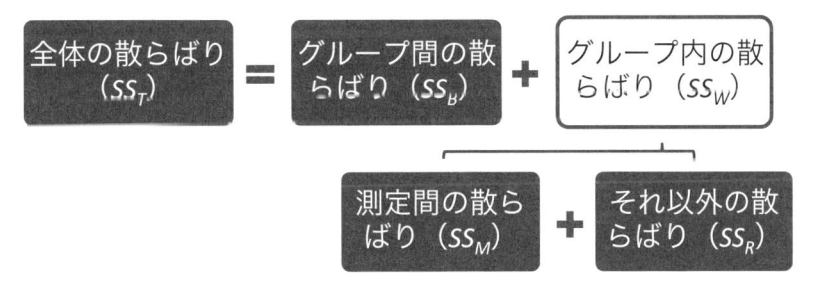

図 11.1　反復測定分散分析における平方和の分割

通常の分散分析と違って反復測定は1ケースの測定値にも散らばりがあるので，SS_W はそれらを合計したものとします。SS_M は各測定の平均値の散らばりです。SS_R はその2つから求められます（$SS_R = SS_W - SS_M$）。同様に SS_B も求められます（$SS_B = SS_T - SS_W$）。

例　5人に対して10点満点のテストを3回行った結果

受験者	1回目	2回目	3回目	平均値	分散
1	3.0	5.0	4.0	4.0	1.0
2	3.0	3.0	3.0	3.0	0.0
3	5.0	6.0	7.0	6.0	1.0
4	7.0	8.0	9.0	8.0	1.0
5	8.0	10.0	9.0	9.0	1.0
平均値	5.2	6.4	6.4	総 6.0	総 6.1

この分散を集めたのが SS_W

この平均値の散らばりが SS_M

SS_W = 各ケースの分散 × (測定数 − 1) の合計
　　　 = $1.0 \times 2 + 0.0 \times 2 + 1.0 \times 2 + 1.0 \times 2 + 1.0 \times 2 = 8.0$

SS_M = ケース数 × (各測定の平均値 − 総平均値)^2 の合計
　　　 = $5 \times (5.2 - 6.0)^2 + 5 \times (6.4 - 6.0)^2 + 5 \times (6.4 - 6.0)^2 = 4.8$

$SS_R = SS_W - SS_M = 8.0 - 4.8 = 3.2$

$SS_B = SS_T - SS_W = 6.1 \times (15 - 1) - 8.0 = 77.4$

11-2-2　検定統計量 F

知りたいのは測定間の差なので，SS_M が SS_R に比べてどれくらい大きいか考えます。その際，自由度 $df_M = k - 1$ と $df_R = (N-1)(k-1)$ で割った平均平方 MS_M と MS_R を用います。

$$F = \frac{\dfrac{SS_M}{k-1}}{\dfrac{SS_R}{(N-1)(k-1)}} = \frac{MS_M}{MS_R}$$

ここで N はケース数，k は測定数です。あとは通常の分散分析と同様，F 分布を利用して検定を行います。

| 例 | 上の 例 では，自由度は 2 と 8 なので，$F = (4.8 \div 2) \div (3.2 \div 8) = 6.0$。|

以上から，分散分析表は以下のようにまとめられます（表11.1）。あとは通常の分散分析と同様，F 分布を利用して検定を行います。

表 11.1　反復測定分散分析における分散分析表

	SS	df	MS	F
グループ間	SS_B	$N-1$	$\dfrac{SS_B}{N-1}$	
測定間	SS_M	$k-1$	$\dfrac{SS_M}{k-1}$	$\dfrac{MS_M}{MS_R}$
それ以外（残差）	SS_R	$(N-1)(k-1)$	$\dfrac{SS_R}{(N-1)(k-1)}$	
全体	SS_T	$N-1$		

11-2-3　球面性の仮定

グループ間要因は等分散性の仮定が満たされている必要がありましたが，各水準が独立ではない反復測定では母集団においてそれらの差の分散が等しいという仮定を満たすようにします。

| 例 | 3 回測定した水準をそれぞれ a, b, c とすれば，$a-b$, $a-c$, $b-c$ の母分散が等しい。|

これを**球面性**といい，その程度は ε（イプシロン）という統計量で推定されます。$\dfrac{1}{h-1} \leq \varepsilon \leq 1$ の値をとり，1 に近いほど球面性に近くなります。この仮定のチェックには **Mauchly の検定**が使われます。

球面性の仮定が満たされない場合，F 分布の形が歪み，本当は有意ではないのに有意確率が不正確に小さくなります。その対処法として，ε の推定値を掛けて自由度を小さくし，F 分布を補正する方法がとられます。これを **ε 修正**といいます（図 11.2）。

▶ちょうど等分散性が満たされない場合の Welch 検定と似たアイディアです（8章参照）。

> 例　自由度 $df_M = 2$ と $df_R = 8$ に推定値 $\varepsilon = .50$ を掛けて $df_M = 1$ と $df_R = 4$ に修正。

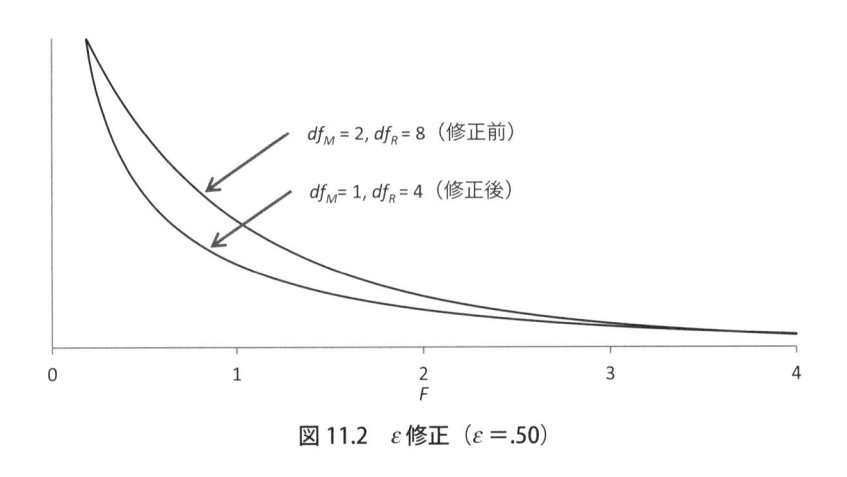

図 11.2　ε 修正（$\varepsilon = .50$）

▶計算方法は山内（2008）などを参照。

SPSS では以下の推定値が用意されています▶。

ε の下限値：理論的な下限 $\dfrac{1}{k-1}$ です。もっともきつく修正されます。

▶Greenhouse-Geisser（グリーンハウス - ガイザー）。

Greenhouse-Geisser▶ の ε：もっともよく使われる推定値です。下限値よりもゆるいですが保守的、つまり有意になりにくいです。

▶Huynh-Feldt（ホイン - フェルト）。

Huynh-Feldt▶ の ε：真の $\varepsilon \leq .75$ のときに Greenhouse-Geisser の ε による修正がきつすぎる傾向があるため、よりゆるく修正するよう考案されたものです。

▶多変量分散分析（multivariate analysis of variance）の頭文字をとって **MANOVA** ともいいます。

ε 修正の代わりに従属変数が複数の分散分析が使われることもあります。これを**多変量分散分析**▶といいます。多変量分散分析は球面性の仮定を満たす必要がないためです。

11-3　前提条件

反復測定分散分析の前提条件は通常の分散分析と同様です（表 11.2）。

ただしもちろんケース内における観測値の独立性は前提とされません。また前述のように，球面性が追加されます。

表 11.2 反復測定分散分析の前提条件・チェック方法・対処

前提条件	チェック方法	満たさない場合の対処
独立性	―	無作為抽出データの収集
正規性	歪度・尖度 正規性の検定 ヒストグラム 正規 Q-Q プロット	変数変換で分布を補正
球面性	Mauchy の検定	ε 修正 多変量分散分析

11-4　SPSS の手順（データ 年収調査.sav）

① ［分析］―［一般線型モデル］　［反復測定］
② ［被験者内因子名］に適当な名前，［水準数］に測定回数を入力して 追加 をクリックし 定義

③ 全被験者内変数を選択して［被験者内変数］ボックスに投入。

11章

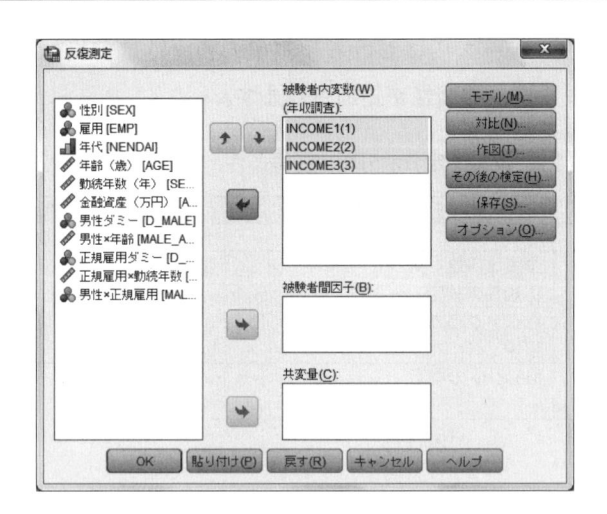

④ 作図 をクリックし，必要に応じて以下を設定して 続行

> （平均値の折れ線グラフを出力したい場合）被験者内要因を［横軸］に入れ 追加

⑤ オプション をクリックし，必要に応じて以下を設定して 続行

11-4 SPSS の手順

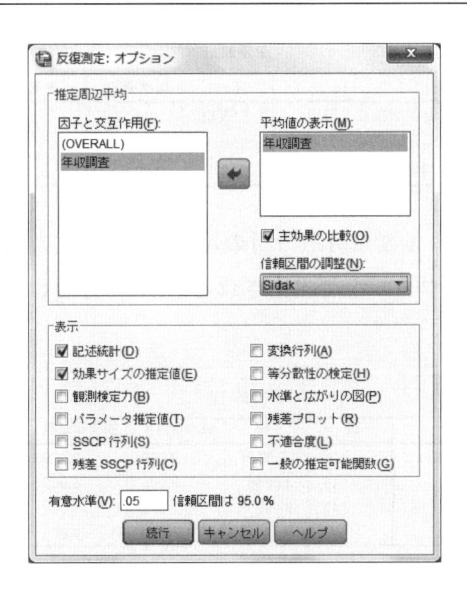

> （記述統計量や効果量を出力したい場合）［記述統計］にチェック。
> （効果量を出力したい場合）［効果サイズの推定値］にチェック。
> （被験者内要因の多重比較▶をしたい場合）［平均値の表示］ボックスに被験者内要因を投入，［主効果の比較］にチェック，［信頼区間の調整］から手法を選択。

⑥　必要な設定が終了したら OK

▶反復測定データではほとんどの多重比較の前提条件を満たせないため,比較的頑健な Bonferroni か Šidák の方法が使われます。ただし反復測定データに多重比較を適用すること自体に懐疑的な意見もあります。

- 「被験者内因子」：被験者内因子を構成する変数の確認。

被験者内因子

測定変数名: ...

年収調査	従属変数
1	INCOME1
2	INCOME2
3	INCOME3

- 「記述統計」：［記述統計］にチェックすると出力される。

11章

記述統計

	平均	標準偏差	度数
第1回年収調査（万円）	513.50	204.542	80
第2回年収調査（万円）	520.81	209.776	80
第3回年収調査（万円）	528.31	213.406	80

▶本書では解釈を割愛します。

- 「多変量検定」：多変量分散分析の結果▶。球面性の仮定を満たさない場合のためにデフォルトで出力されるが，そのときはε修正を用いるのが一般的。

多変量検定[a]

効果		値	F値	仮説自由度	誤差自由度	有意確率	偏イータ2乗
年収調査	Pillai のトレース	.457	32.838[b]	2.000	78.000	.000	.457
	Wilks のラムダ	.543	32.838[b]	2.000	78.000	.000	.457
	Hotelling のトレース	.842	32.838[b]	2.000	78.000	.000	.457
	Roy の最大根	.842	32.838[b]	2.000	78.000	.000	.457

a. 計画: 切片
　被験者計画内: 年収調査
b. 正確統計量

- 「Mauchly の球面性検定」：帰無仮説は「母集団において各水準の差の分散は等しい」。非有意（$p \geq .05$ など）ならば母集団において球面性の仮定を満たしていると判断する。「ε」の各値はε修正に用いられる。

Mauchly の球面性検定[a]

測定変数名: MEASURE_1

被験者内効果	Mauchly の W	近似カイ2乗	自由度	有意確率	ε[b]		
					Greenhouse-Geisser	Huynh-Feldt	下限
年収調査	.685	29.471	2	.000	.761	.773	.500

正規直交した変換従属変数の誤差共分散行列が単位行列に比例するという帰無仮説を検定します。
a. 計画: 切片
　被験者計画内: 年収調査
b. 有意性の平均検定の自由度調整に使用できる可能性があります。修正した検定は、被験者内効果の検定テーブルに表示されます。

- 「被験者内効果の検定」：被験者内効果の分散分析表。「Mauchly の球面性検定」で非有意ならば「球面性の仮定」行，有意ならばε修正された「Greenhouse-Geisser」行か「Huynh-Feldt」行を参照。

11-4 SPSSの手順

被験者内効果の検定

測定変数名: MEASURE_1

ソース		タイプIII平方和	自由度	平均平方	F値	有意確率	偏イータ2乗
年収調査	球面性の仮定	8776.875	2	4388.438	51.433	.000	.394
	Greenhouse-Geisser	8776.875	1.521	5769.270	51.433	.000	.394
	Huynh-Feldt	8776.875	1.545	5680.796	51.433	.000	.394
	下限	8776.875	1.000	8776.875	51.433	.000	.394
誤差 (年収調査)	球面性の仮定	13481.125	158	85.324			
	Greenhouse-Geisser	13481.125	120.184	112.171			
	Huynh-Feldt	13481.125	122.056	110.451			
	下限	13481.125	79.000	170.647			

> 「タイプIII平方和」: 上段が測定間平方和 SS_M, 下段が SS_R。

> 「自由度」:「球面性の仮定」行は自由度 $df_M = k-1$ と $df_R = (N-1)(k-1)$。それ以下の行は ε 修正後の自由度。

> 「平均平方」: 平均平方 $MS_M = \dfrac{SS_M}{df_M}$ と $MS_R = \dfrac{SS_R}{df_R}$。

> 「F値」: 検定統計量の値 $F = \dfrac{MS_M}{MS_R}$。

> 「有意確率」: 帰無仮説「各水準の母平均は等しい」としたとき,「F値」以上が得られる確率。これが小さければ ($p<.05$など), 帰無仮説を棄却し「各水準の母平均には差がある」と判断する▶。

▶0.1%水準で有意, つまり母集団の平均年収は変化していると判断されます。

> 「偏イータ2乗」: オプション で [効果サイズの推定値] にチェックすると出力される。効果量 $\eta_p^2 = \dfrac{SS_M}{SS_M + SS_R}$。

- 「被験者内対比の検定」: 反復測定データを, 直線と2次曲線に当てはめたときの分散分析表▶。

▶本書では割愛します。

被験者内対比の検定

測定変数名: MEASURE_1

ソース	年収調査	タイプIII平方和	自由度	平均平方	F値	有意確率	偏イータ2乗
年収調査	線型	8776.406	1	8776.406	66.031	.000	.455
	2次	.469	1	.469	.012	.912	.000
誤差 (年収調査)	線型	10500.094	79	132.913			
	2次	2981.031	79	37.735			

- 「被験者間効果の検定」: 被験者間効果の分散分析表。グループ化変

数を投入していなければ参照不要。この場合「誤差」行がグループ間効果を示す。

被験者間効果の検定

測定変数名: MEASURE_1
変換変数: 平均

ソース	タイプⅢ 平方和	自由度	平均平方	F 値	有意確率	偏イータ2乗
切片	65114857.11	1	65114857.11	496.246	.000	.863
誤差	10365977.93	79	131214.911			

- 「推定値」:［主効果の比較］にチェックすると出力される。各測定の平均値の区間推定。

推定値

測定変数名: MEASURE_1

年収調査	平均	標準誤差	95% 信頼区間 下限	95% 信頼区間 上限
1	513.501	22.868	467.983	559.020
2	520.814	23.454	474.130	567.497
3	528.314	23.859	480.822	575.805

▶すべての測定間の平均値に有意差があると判断できます。

- 「ペアごとの比較」:［主効果の比較］で指定した方法による多重比較▶。

ペアごとの比較

測定変数名: MEASURE_1

(I) 年収調査	(J) 年収調査	平均値の差 (I-J)	標準誤差	有意確率[b]	95% 平均差信頼区間[b] 下限	95% 平均差信頼区間[b] 上限
1	2	-7.313*	1.284	.000	-10.445	-4.180
	3	-14.813*	1.823	.000	-19.259	-10.366
2	1	7.313*	1.284	.000	4.180	10.445
	3	-7.500*	1.195	.000	-10.415	-4.585
3	1	14.813*	1.823	.000	10.366	19.259
	2	7.500*	1.195	.000	4.585	10.415

推定周辺平均に基づいた
*. 平均値の差は .05 水準で有意です。
b. 多重比較の調整: Sidak。

- 「多変量検定」: 上に同じ。
- 「プロファイルプロット」: 作図 で指定した平均値の折れ線グラフ。

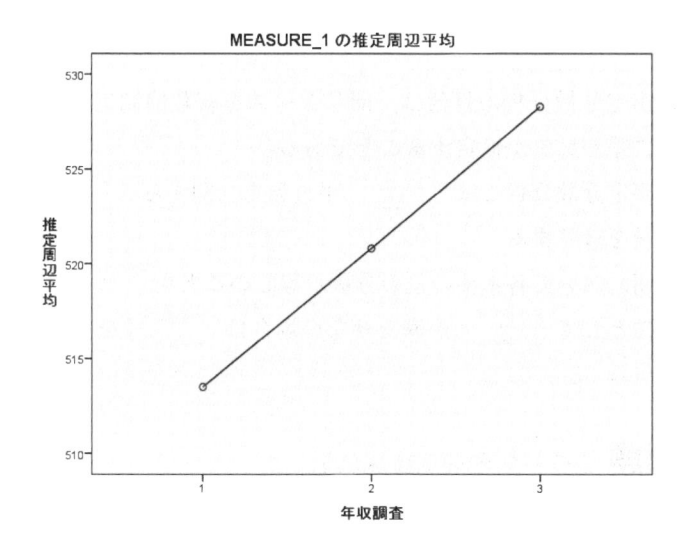

11-5　レポート・論文での示し方

11-5-1　示すべき情報

記述統計：平均値（M），標準偏差（SD），ケース数（N）

検定：F 値（F），2つの自由度（df_M, df_R），有意確率（p），効果量（$\eta^2, \eta_p^2, \omega^2, \omega_p^2$ など）

▶計算方法は大久保・岡田（2012）などを参照。

11-5-2　提示例

社員（$N=80$）を対象とした第1回（$M=513.5, SD=22.9$），第2回（$M=520.8, SD=23.5$），第3回（$M=528.3, SD=23.9$）の年収調査データ（万円）を用いて反復測定分散分析を行った。結果，Mauchly の検定が有意となり（$\chi^2(2)=29.471, p<.001$），球面性の仮定が満たされないことが示されたため，Greenhouse-Geisser の $\varepsilon=.76$ を用いて自由度修正を行った。結果，平均値には有意差がみられた（$F(1.52, 120.18)=51.43, p<.001, \eta_p^2=.39$）。

まとめ

- 反復測定分散分析の目的は，同じケースを複数回測定した各回の母平均に差があるか検定することである。
- 反復測定分散分析では，　①　平方和を分割することによって検定統計量を計算する。
- 母集団において各水準の差の分散が等しいことを　②　という。前提条件として　②　が満たせない場合は　③　を行い F 分布を補正する。

練習問題（データ 年収調査.sav）

「雇用」を［被験者間因子］に追加投入して「第1〜3回年収調査」のグループ別反復測定分散分析をおこない，結果を解釈・記述しよう。

12章 相関係数
2つの変数の関連度を捉える

12-1　目的：散布図の状態を数字で表す

　変数 x と y を座標平面上にプロットした**散布図**を考えます（図12.1）▶。データが右上がりに分布している場合，x が大きく（小さく）なるときに y も大きく（小さく）なるという**正の相関**があります。逆に，データが右下がりに分布している場合，x が大きく（小さく）なるときに y が小さく（大きく）なるという**負の相関**があります。**相関係数**の目的は，この散布図の状態を1つの数字で表すことです。

▶［グラフ］―［レガシーダイアログ］―［散布図/ドット］の［単純な散布図］から出力することができます。

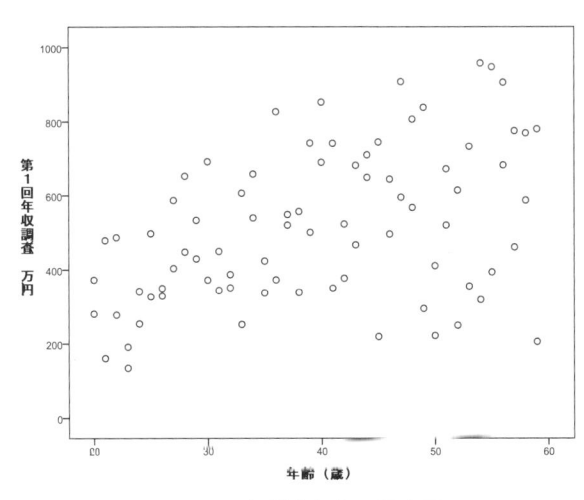

図12.1　年齢と年収の散布図

12-2 考え方

12-2-1 共分散

相関係数は，**共分散**という概念が元になっています。その名のとおり，共分散は2変数の分散▶を掛けあわせたような統計量です。xの分散s_x^2は，$\bar{x}$からのズレを2乗した偏差平方$(x_i-\bar{x})^2$の平均値でした。xとyの共分散s_{xy}とは，$\bar{x}$と$\bar{y}$からのズレを掛けあわせた**偏差積**$(x_i-\bar{x})(y_i-\bar{y})$の平均値です。定義式は以下のとおりです▶。

▶4章参照。

▶偏差積和（偏差積の合計）を$N-1$で割っているのは母共分散を偏りなく推測できるからです。不偏分散と同じ理由です（4章参照）。

$$s_{xy} = \frac{1}{N-1} \sum_{i=1}^{N} (x_i - \bar{x})(y_i - \bar{y})$$

分散はマイナス偏差をプラスにするために2乗しましたが，共分散はマイナス偏差をそのまま使っています。それは，負の相関を表すことができるためです。平均線を引いて領域Ⅰ～Ⅳに4分割した散布図で考えてみましょう（図12.2）。

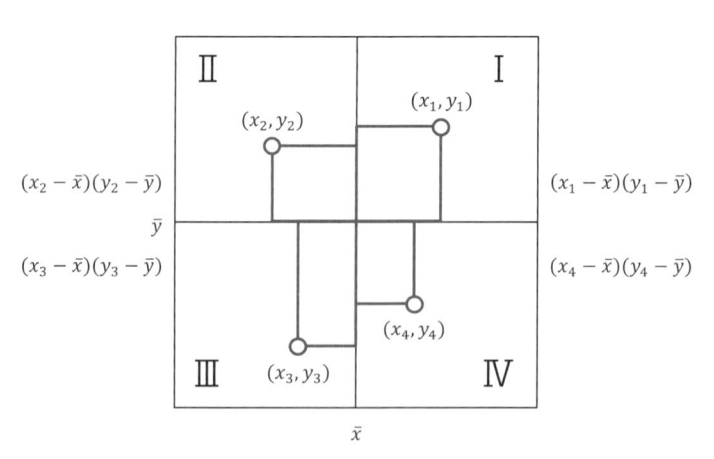

図12.2　偏差積と散布図

偏差$x_i-\bar{x}$は点(x_i, y_i)から平均値$\bar{x}$の線に引いたヨコの線の長さ，偏差$y_i-\bar{y}$は点(x_i, y_i)から平均値$\bar{y}$の線に引いたタテの線の長さ，偏差積

$(x_i - \bar{x})(y_i - \bar{y})$ は平均線と偏差に囲まれた四角の面積ということになります。ただし，領域Ⅰ・Ⅲにある点の偏差積は符号がプラス，領域Ⅱ・Ⅳにある点の偏差積の符号がマイナスになります。

共分散はプラスマイナスの偏差積を合計しているので，結果としてプラスになるときは領域Ⅰ・Ⅲ，マイナスになるときは領域Ⅱ・Ⅳのデータが多いということです。そしてそれは2変数が相関関係にあることを意味します（図12.3）。また，共分散の絶対値 $|s_{xy}|$ の大きさは相関関係の強さを表します。

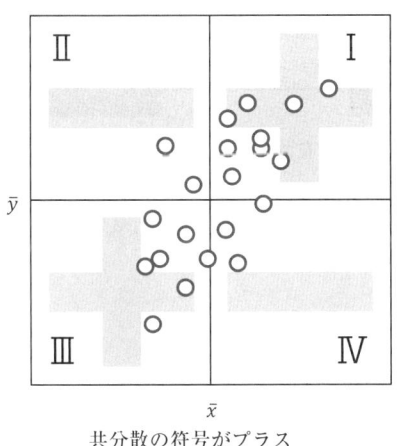

共分散の符号がプラス
領域Ⅰ・Ⅲにデータが多い
正の相関の分布

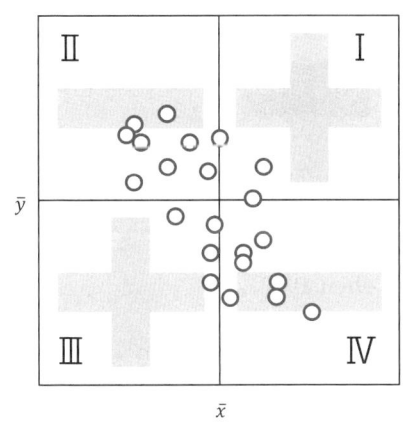

共分散の符号がマイナス
領域Ⅱ・Ⅳにデータが多い
負の相関の分布

図 12.3 共分散の符号と散布図

12-2-2 相関係数

共分散は測定単位の影響を受け $-\infty < s_{xy} < \infty$ の値をとるので，複数の相関を比較するときなどに使い勝手がよくありません。そこで，データを標準化して単位の影響を除くことにします。標準得点の共分散を Pearson の積率相関係数 r といいます[▶]。変数 x と y の共分散 s_{xy} とそれぞれの標準偏差 s_x, s_y がわかっていれば以下の公式で相関係数を計算できます。

▶単に相関係数といった場合これを指します。変数 x と y の相関係数を r_{xy} と表す。

$$r_{xy} = \frac{s_{xy}}{s_x s_y}$$

相関係数は $-1 \leq r \leq 1$ の値をとり，-1 に近いほど**負の相関**，1 に近いほど**正の相関**，0 に近いほど**無相関**（無関係）であることを表します（図 12.4）。

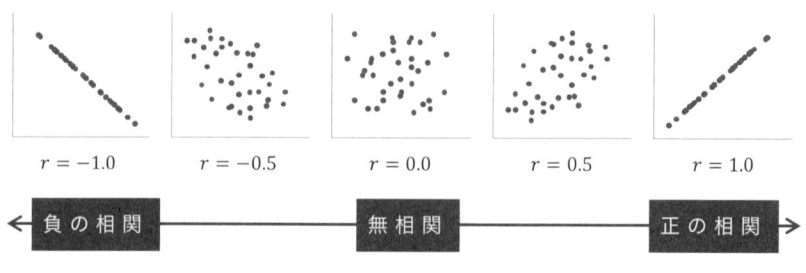

図 12.4 相関係数と散布図

$|r|$ は効果量として考えることができ，以下のような目安があります（Cohen 1988）。

$$.10 \to 小, \quad .30 \to 中, \quad .50 \to 大$$

また，r^2 は分散説明率として考えることができます▶。

▶分散分析のときに用いた η^2 も r^2 の一種です（9 章参照）。

12-2-3 相関係数の検定

相関係数 r から計算される以下の検定統計量 t が自由度 $N-2$ の t 分布に従うことを利用します。

$$t = \frac{r\sqrt{N-2}}{\sqrt{1-r^2}}$$

帰無仮説は「母相関係数 $=0$」，すなわち「母集団で無相関」です。これが棄却されたとき「母相関係数 $\neq 0$」，すなわち「母集団で相関がある」と判断します。

12-3 補足

12-3-1 曲線関係

相関係数は直線関係の指標なので，曲線的な関係は検出できず無相関に近くなることがあります（図 12.5）。

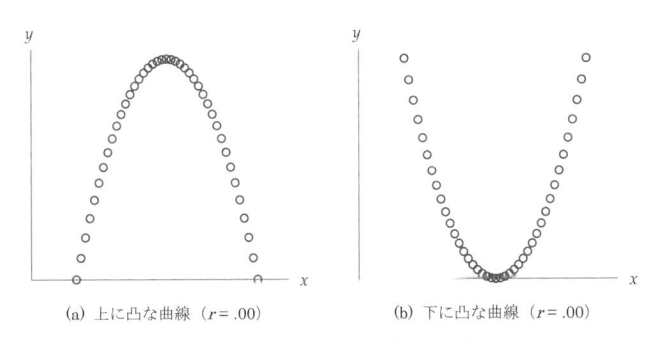

(a) 上に凸な曲線（$r = .00$）　　(b) 下に凸な曲線（$r = .00$）

図 12.5　曲線関係と相関係数

12-3-2 はずれ値

相関係数ははずれ値の影響を大きく受けます。はずれ値があると，本当は無相関なのに相関係数が大きくなったり，本当は相関があるのに無相関になったりすることがあります（図 12.6）。

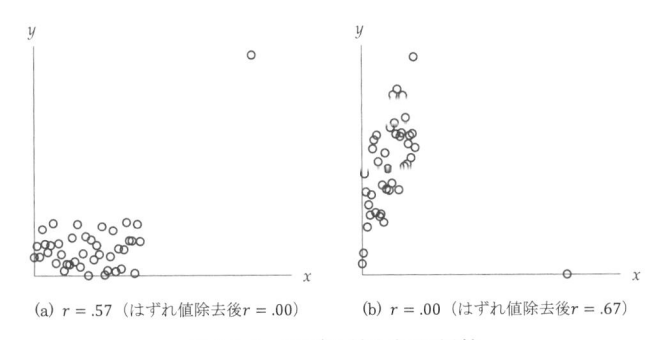

(a) $r = .57$（はずれ値除去後 $r = .00$）　　(b) $r = .00$（はずれ値除去後 $r = .67$）

図 12.6　はずれ値と相関係数

12-3-3　グループ

全データの相関係数と，グループに分けて計算したものとではまったく違った結果が得られることがあります（図 12.7）。

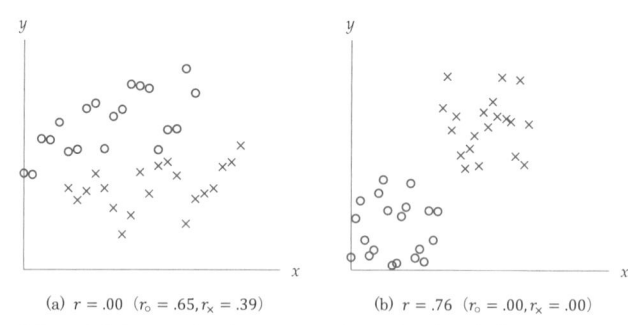

(a) $r = .00$　($r_○ = .65, r_× = .39$)　　　(b) $r = .76$　($r_○ = .00, r_× = .00$)

注）$r_○$は○印，$r_×$は×印のグループにおける相関係数。

図 12.7　グループと相関係数

12-3-4　相関関係 ≠ 因果関係

2 変数間に相関関係があっても，それによって因果関係があるとはかぎりません。変数 x と y に因果関係 $x \to y$ があると主張するには以下の条件が必要です。

① 　x と y に相関がある。
② 　それが擬似相関でない。
③ 　x が y よりも時間的に先にある。

12-3-5　擬似相関

他の変数 z が x と y の双方に影響することによって r_{xy} が見かけ上大きくなることを擬似相関といいます。

> 問　小学校の全校生徒を対象とした学力テストを実施したところ身長と得点の相関係数がプラスになりました。ここから背が高いほどテストの出来がよかったと考えていいでしょうか。

もちろんこの相関は，身長とテストの因果関係によるものではなく，学年が双方にプラスに働いているためにあらわれたものです。身長 x と得点 y は本来は無相関なので，r_{xy} は擬似相関ということになります（図 12.8）。

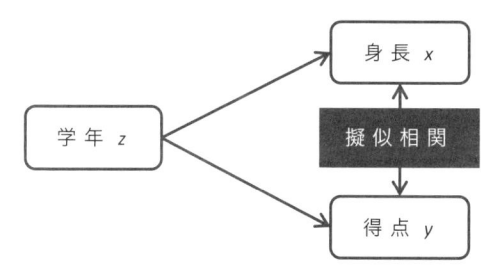

図 12.8　学力テストにおける擬似相関

他の変数 z の影響を除去した x と y の関係を調べるには，以下のような方法があります。
① z の値ごとに相関係数 r_{xy} を計算する。
② 偏相関係数 $r_{xy \cdot z}$ を計算する。

「影響を除去する」とは，「一定にする」という意味です。このことを「**コントロールする**」といい，コントロールされた変数を**統制変数**▶といいます。

▶SPSSでは制御変数（control variable）と訳されています。

|例| 上の |問| では学年別に身長とテストの相関係数を計算するか，学年をコントロールした身長とテストの偏相関係数を計算します。

12-4 前提条件

表 12.1 にデータの前提条件をまとめます。前述の線形性＝直線関係であることに加え，母相関係数の推測をする場合，観測値の独立性，母集団分布の正規性，分散均一性が前提になります。

表 12.1　相関係数の前提条件・チェック方法・対処

前提条件	チェック方法	満たさない場合の対処
線形性	散布図	変数変換で線形に近似
独立性	―	無作為抽出データの収集
正規性	歪度・尖度 正規性の検定 ヒストグラム 正規 Q-Q プロット	変数変換で分布を補正 Spearman の順位相関係数
分散均一性 ▶	予測値と残差の散布図	

▶15 章参照。

12-5　その他の相関係数

12-5-1　Spearman の順位相関係数

データを順位に変換してから計算した相関係数を Spearman ▶ の順位相関係数 ρ（ロー）といいます。

▶Spearman（スピアマン）。

> 例　年収データを順位に変換。
> 　　元データ：0, 200, 300, 300, 500, 800（万円）
> 　　順位データ：1, 2, 3, 4, 5, 6（位）

$-1 \leq \rho \leq 1$ の値をとり，解釈は通常の相関係数と同様です。通常の相関係数は分布やはずれ値の影響を強く受けましたが，Spearman の順位相関係数はそうした影響を除去するときによく代用されます。母順位相関係数の検定 ▶ はノンパラメトリックな方法になりますので，パラメトリック検定の前提条件を満たさない場合にも代用されます。

▶検定統計量 t が自由度 $N-2$ の t 分布に従うことを利用します。

12-5-2 偏相関係数

変数 z をコントロールした x と y の相関係数を**偏相関係数** $r_{xy \cdot z}$ といいます。3 変数間の相関係数がわかっていれば計算でき，公式は以下のようになります。

$$r_{xy \cdot z} = \frac{r_{xy} - r_{xz} r_{yz}}{\sqrt{1 - r_{xz}^2} \sqrt{1 - r_{yz}^2}}$$

偏相関係数 $r_{xy \cdot z}$ は，x と y を従属変数，統制変数 z を独立変数とした回帰分析▶でそれぞれ説明されなかった部分＝残差間の相関係数と考えることができます（図 12.9）。

▶13 章参照。

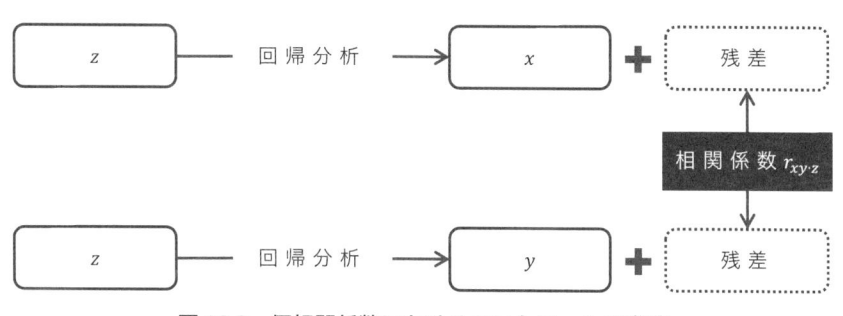

図 12.9　偏相関係数におけるコントロールの意味

偏相関係数の検定▶は通常の相関係数のときとほぼ同様です。

▶検定統計量 t が自由度 $N - p - 2$（p は統制変数の数）の t 分布に従うことを利用します。

12-6　SPSS の手順（データ 年収調査 .sav）

12-6-1　相関係数と順位相関係数

① ［分析］─［相関］─［2 変量］
② 相関係数を計算したい変数を［変数］ボックスに投入。

12章

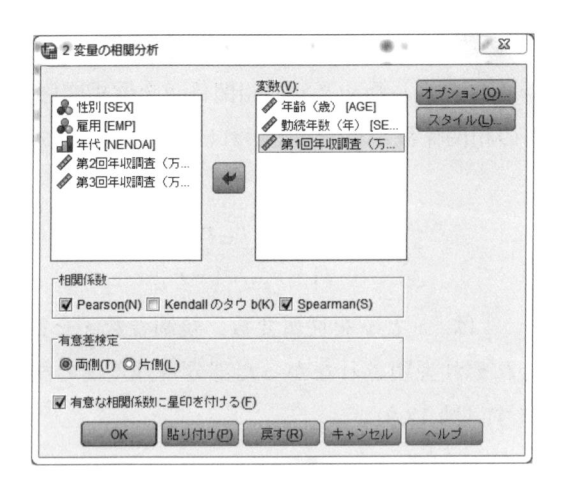

> - （相関係数を出力したい場合）［相関係数］―［Pearson］にチェック。
> - （Spearman の順位相関係数を出力したい場合）［相関係数］―［Spearman］にチェック。

③ オプション をクリックし，必要に応じて以下を設定して 続行

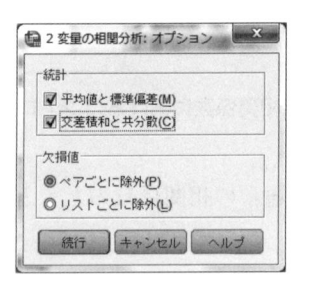

> - （平均値・標準偏差や共分散を出力したい場合）［平均値と標準偏差］にチェック。
> - （共分散を出力したい場合）［交差積和と共分散］にチェック。

④ 必要な設定を終えたら OK

- 「記述統計」：オプション で［平均値と標準偏差］にチェックすると出力される。

記述統計

	平均	標準偏差	度数
年齢（歳）	39.50	11.616	80
勤続年数（年）	16.49	12.162	80
第1回年収調査（万円）	513.50	204.542	80

- 「相関分析」：**相関行列**。対角セルを挟んで左下部と右上部は鏡合わせのようになる。

相関分析

		年齢（歳）	勤続年数（年）	第1回年収調査（万円）
年齢（歳）	Pearson の相関係数	1	.720**	.441**
	有意確率 (両側)		.000	.000
	平方和と積和	10660.000	8033.500	82855.694
	共分散	134.937	101.690	1048.806
	度数	80	80	80
勤続年数（年）	Pearson の相関係数	.720**	1	.567**
	有意確率 (両側)	.000		.000
	平方和と積和	8033.500	11685.988	111371.466
	共分散	101.690	147.924	1409.765
	度数	80	80	80
第1回年収調査（万円）	Pearson の相関係数	.441**	.567**	1
	有意確率 (両側)	.000	.000	
	平方和と積和	82855.694	111371.466	3305151.645
	共分散	1048.806	1409.765	41837.363
	度数	80	80	80

**. 相関係数は 1% 水準で有意 (両側) です。

> 「Pearson の相関係数」：相関係数 r。同じ変数の組は必ず $r=1.0$ になる。

> 「有意確率（両側）」：母相関係数の検定結果。帰無仮説「母相関係数 $=0$」としたとき，今回の相関係数▶より極端な値が得られる確率。これが小さければ（$p<.05$ など），帰無仮説を棄却し，「母相関係数 $\neq 0$」と判断する▶。

> 「平方和と積和」：同一変数の組のとき**偏差平方和**（偏差の2乗の合計），異なる変数の組のとき**偏差積和**（偏差積の合計）▶。

> 「共分散」：同一変数の組のとき分散，異なる変数の組のとき共分散。

> 「度数」：ケース数。

▶出力されませんが，正確には相関係数をもとにした t 値です。

▶すべて 0.1% 水準で有意と判断できます。

▶分散と共分散を $N-1$ で割らないものがそれぞれ偏差平方和と偏差積和です。

12章

- 「相関」：［Spearman］にチェックすると出力される。

相関

			年齢（歳）	勤続年数（年）	第1回年収調査（万円）
Spearmanのロ-	年齢（歳）	相関係数	1.000	.711**	.426**
		有意確率 (両側)	.	.000	.000
		度数	80	80	80
	勤続年数（年）	相関係数	.711**	1.000	.535**
		有意確率 (両側)	.000	.	.000
		度数	80	80	80
	第1回年収調査（万円）	相関係数	.426**	.535**	1.000
		有意確率 (両側)	.000	.000	.
		度数	80	80	80

**. 相関係数は 1% 水準で有意 (両側) です。

> 「相関係数」：Spearman の順位相関係数 ρ。
> 「有意確率（両側）」：母順位相関係数の検定結果。帰無仮説「母順位相関係数＝0」としたとき，今回の順位相関係数▶より極端な値が得られる確率。これが小さければ（$p<.05$ など），帰無仮説を棄却し「母順位相関係数 ≠ 0」と判断する▶。
> 「度数」：ケース数。

▶出力されませんが,正確には順位相関係数をもとにした t 値です。
▶すべて 0.1% 水準で有意と判断できます。

12-6-2　偏相関係数

① ［分析］―［相関］―［偏相関］
② 相関係数を計算したい変数を［変数］，コントロールしたい変数を［制御変数］ボックスに投入。

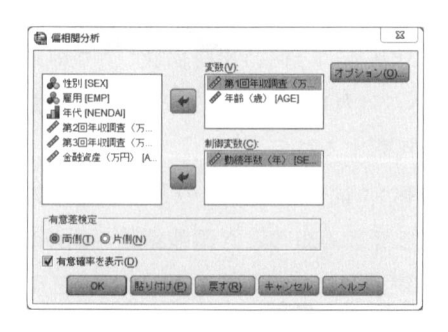

③ オプションをクリックし，必要に応じて以下を設定して 続行

> （平均値・標準偏差を出力したい場合）[平均値と標準偏差] にチェック。
> （相関係数を出力したい場合）[0次相関▶] にチェック。

④ 必要な設定を終えたら OK

▶偏相関と区別するために通常の相関を 0 次相関や単相関ということがあります。

- 「記述統計」：オプションで［平均値と標準偏差］にチェックすると出力される。
- 「相関係数」：オプションで［0次相関］にチェックすると制御変数「なし」の相関行列が上部に追加される▶。

▶ここではチェックしなかった場合を掲載しています。

相関

制御変数			第1回年収調査（万円）	年齢（歳）
勤続年数（年）	第1回年収調査（万円）	相関係数	1.000	.059
		有意確率（両側）	.	.608
		自由度	0	77
	年齢（歳）	相関係数	.059	1.000
		有意確率（両側）	.608	.
		自由度	77	0

> 「相関係数｜」：「制御変数」に表示された変数をコントロールした偏相関係数▶。
> 「有意確率（両側）」：母偏相関係数の検定結果。帰無仮説「母偏相関係数＝0」としたとき，今回の偏相関係数▶より極端な値が得られる確率。これが小さければ（$p<.05$ など），帰無仮説を棄却し「母偏相関係数≠0」，つまり母集団で相関があると判断する▶。

▶上で出力した通常の相関係数との違いに着目してください。

▶出力されませんが，正確には偏相関係数をもとにした t 値です。

▶非有意と判断できます。

12章

> 「自由度」：自由度 $N-p-2$（p は統制変数の数）。

12-7 レポート・論文での示し方

12-7-1 示すべき情報

記述統計：平均値（M），標準偏差（SD），ケース数（N）

相関：Pearson の積率相関係数（r），有意確率（p）

12-7-2 提示例

（変数の組が1つの場合）

社員（$N=80$）の年齢（$M=39.5$ 歳, $SD=11.6$ 歳）と年収（$M=513.5$ 万円, $SD=204.5$ 万円）には有意な正の相関がみられた（$r=.44$, $p<.001$）。

（変数の組が3つ以上の場合）

社員の年齢，勤続年数，年収の相関係数は表 12.2 のようになった。

表 12.2　年齢，勤続年数，年収相関行列（$N=80$）

	年齢	勤続年数	年収	M	SD
年齢	1.00			39.5	11.6
勤続年数	.71***	1.00		16.5	12.2
年収	.43***	.54*	1.00	513.5	204.5

*$p<.05$, **$p<.01$, ***$p<.001$

▶近年は有意水準をアスタリスクで簡便に示す表記法よりも有意確率をそのまま表記するほうが推奨されていますが,数字が多く煩雑になる表は例外のようです (American Psychological Association 2009)。

まとめ

- 2つの変数 x と y の相関関係（散布図の状態）を1つの数字で表す。
- ① ≤ r ≤ ② の範囲をとり，① に近いほど ③ の相関，② に近いほど ④ の相関，⑤ のとき無相関を意味する。
- 母相関係数の検定では，帰無仮説「母相関係数 ＝ ⑥ 」とし，有意確率が小さければ「母相関係数 ≠ ⑥ 」と判断する。
- ⑦ 係数は，非正規分布やはずれ値を含むデータの相関をみるときによく用いられる。
- ⑧ 係数は，他の変数の影響を除去した変数 x と y の相関をみるためによく用いられる。

練習問題 （データ 年収調査.sav）

① ［ファイルの分割］を使い，「雇用」別に「年齢（歳）」「勤続年数（年）」「第1回年収調査（万円）」の相関係数を出力して比較しよう。

② ［ファイルの分割］を使い，「雇用」別に「勤続年数（年）」をコントロールした「年齢（歳）」と「第1回年収調査（万円）」の偏相関係数を出力して比較しよう。

13章 回帰分析
1つの量的変数を予測・説明する

13-1 目的：散布図に直線を引く

　9章では，独立変数がグループのときに従属変数の平均値に差があるか検定する方法として分散分析や多重比較を学びました。では，説明変数が年齢や勤続年数のような量的変数の場合はどうすればいいでしょうか。量的変数は値が細かいので，そのまま分散分析や多重比較をしようとすると無数のグループについて平均値を比べなくてはならなくなってしまいます。もちろん，年齢を10歳刻みにするなど，量的変数の値をグループ化して分散分析や多重比較をしてもいいですが，量的変数がもともともっていた情報量が失われてしまいます。そこで本章では，量的変数をそのまま分析する方法として**回帰分析**を学びます（図13.1）。

```
┌─────────────┐         ┌─────────────┐   ┌ ─ ─ ─ ─ ─ ─ ┐
│  独立変数 x  │──予測・説明──▶│  従属変数 y  │ ＋   誤差 e
└─────────────┘         └─────────────┘   └ ─ ─ ─ ─ ─ ─ ┘
```

図13.1　回帰分析のイメージ

　回帰分析は，量的変数 x と y の相関関係を以下のモデルで表現し，x から y を予測・説明する手法です。

$$y = b_0 + b_1 x + e$$

　$y = b_0 + b_1 x$ の部分は直線の式になっていて，b_0 は切片，b_1 は傾き▶です。散布図を直線という単純なモデルであらわすことを意味します（図13.2）。e ▶はデータと直線とのズレです。データが必ずしも直線上にはないため，直線だけでは十分にデータを表現できません。そこで e をくっつけて「ズレ」も組み込んだかたちにするわけです。

▶記号は少し違いますが，中学校で習った $y = ax + b$ と同じです。

▶**誤差（項）**や**撹乱項**といいます。

13章

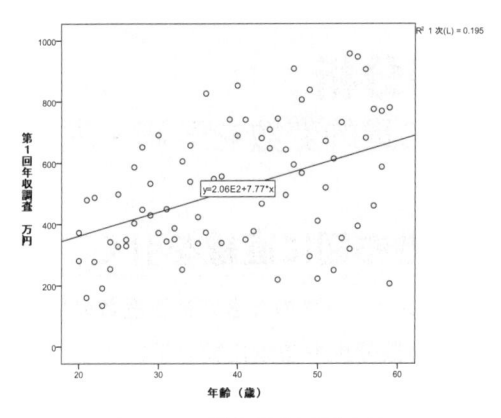

図 13.2　散布図と回帰直線

　切片 b_0 と傾き b_1 がわかれば，x に具体的な数字を代入して y を予測することができます。回帰分析の目的は，切片 b_0 と傾き b_1 を計算して求めることです。

> 問　年収 = 206.5 + 7.8 × 年齢という回帰式で 40 歳の社員の年収は何万円と予測できるでしょうか。

13-2　考え方

13-2-1　用語と記号

独立変数▶：予測・説明のために使う変数 x。

従属変数▶：x によって予測・説明される変数 y。

観測値：収集された変数 x や y の具体的な値 x_i や y_i。

予測値：直線から予測される値 $\hat{y}_i$ ▶。

回帰直線：x_i と $\hat{y}_i$ からなる直線 $\hat{y} = b_0 + b_1 x$。

回帰係数：回帰直線の傾き b_1。

切片▶：回帰直線の切片 b_0。

▶説明変数，予測変数ともいいます。
▶被説明変数，目的変数，基準変数，応答変数など多くの呼び方があります。
▶観測値と区別するために「^」をつけて表記します。

▶定数項ともいいます。

残差▶：観測値と予測値の「ズレ」$e_i = y_i - \hat{y}_i$。

▶誤差が「真の値」とのズレであるのに対して，残差は収集したデータ内で計算できるズレという違いがあります。

13-2-2　最小二乗法：回帰直線の引き方

回帰分析では，観測値とモデルと実際のデータのズレ＝残差 e_i を全体として最小にするように直線を引きます（図13.3）。

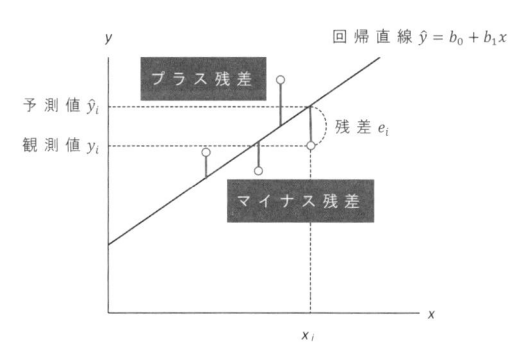

図 13.3　残差と回帰直線

ただし残差にはプラスのものもマイナスのものもありますので，2乗して全部をプラスにしてから合計▶した**残差平方和**▶ $SS_R = \sum_{i=1}^{n} e_i^2$ を最小にします。

この計算方法を**最小二乗法**▶といいます。この方法で計算した切片 b_0 と回帰係数 b_1 は以下のようになります。

$$b_0 = \bar{y} - b_1 \bar{x} \qquad b_1 = \frac{s_{xy}}{s_x^2}$$

つまり，x と y の平均値 $\bar{x}$ と $\bar{y}$，x の分散 s_x^2，x と y の共分散 s_{xy} がわかっていれば，直線を求めることができます。

▶1変数でこの方法を使うと平均値が求まります（4章参照）。このため，回帰直線は必ず平均値同士の座標 $(\bar{x}, \bar{y})$ を通ります。
▶平方和については9章参照。
▶英語表記ordinary least squaresを略して**OLS**ともいいます。平方和については9章参照。

13-2-3　回帰係数の解釈

回帰分析は x から y を予測するために使われますが，回帰係数に注目して x が y にどのくらい影響を与えているか解釈するために用いられる

こともあります。

回帰係数 b_1 は直線 $\hat{y} = b_0 + b_1 x$ の傾きなので，x が1増えたときの $\hat{y}$ の増加量です。ここから以下のように解釈することができます。

x が1単位増えたとき y は平均的▶に b_1 増える

▶「平均的に」という表現を加えているのは，サンプルによって必ずズレ e をともなうけれど，平均すると $e=0$ が期待されているからです。

> 問 冒頭の年齢と年収の例では $b_1 = 7.8$ でした。ここから年齢が年収に与える影響はどのように解釈できるでしょうか。

13-2-4 回帰係数と切片の検定

回帰係数 b_1 と切片 b_0 から計算される以下の検定統計量 t が自由度 $N-2$ の t 分布に従うことを利用します。

▶平均値の差の t 検定（8章）と同様，分子はもともと母回帰係数または母切片との差 $b - \beta$ なのですが，帰無仮説 $H_0: \beta = 0$ なのでこうなります。

$$t = \frac{b}{SE_b}$$

ここで b は回帰係数，または切片，SE_b は b の標準誤差です。回帰係数でいえば，帰無仮説は「母回帰係数 = 0」，すなわち「母集団で独立変数の効果はない」です。これが棄却されたとき「母回帰係数 ≠ 0」，すなわち「母集団で独立変数の効果はある」と判断します。

13-2-5 回帰係数と切片の区間推定

▶6章参照。

標準誤差 SE_b と t 分布を利用して回帰係数と切片の区間推定▶を行うこともできます。母回帰係数，または母切片 β の信頼区間（信頼水準 $1-\alpha$）は以下のように求められます。

$$b - t_{N-2,\,\alpha/2}\, SE_b \leq \beta \leq b + t_{N-2,\,\alpha/2}\, SE_b$$

ここで $t_{N-2,\,\alpha/2}$ は自由度 $N-2$ の t 分布における有意水準 $\alpha/2$ の限界値です。これは仮に標本抽出を繰り返し，その都度信頼区間を求めたとしたら，母回帰係数や母切片がほとんど（100回中95回）この範囲に含まれるということを意味します。

13-2-6 標準回帰係数

従属変数も独立変数も平均0, 分散1に標準化したうえで求めた回帰係数を**標準回帰係数**▶ β（ベータ）といいます。標準回帰係数は，通常の回帰係数と従属・独立変数の標準偏差がわかっていれば，データを標準化しなくても求めることができます。

▶**標準化係数**ともいいます。母回帰係数と同じ記号ですが別物ですので注意してください。

$$\beta = b_1 \frac{s_x}{s_y}$$

標準化データで回帰分析をすると切片が0になり，散布図でいえば原点を通る回帰直線 $\hat{y} = \beta x$ が求められます。

ほとんどの場合 $-1 \leq \beta \leq 1$ で，絶対値 $|\beta|$ が大きいほど従属変数への影響度が大きいと解釈します。また，測定単位に関係なく以下のように解釈することができます。

　　　x が1標準偏差増えたとき y は平均的に β 標準偏差増える

独立変数が1つの回帰分析では，標準回帰係数は独立変数と従属変数の相関係数と等しくなります▶（$\beta = r_{xy}$）。

▶逆にいえば，相関係数は標準化データを用いたときの特殊な回帰係数と解釈できます。

13-2-7 モデル適合度

直線モデルが実際のデータをうまく表現できていれば精度の高い予測が可能ですが, かけ離れたものであれば予測の役に立ちません（図13.4）。

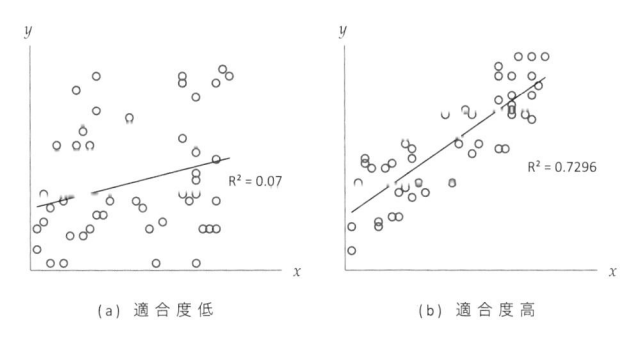

(a) 適合度低　　$R^2 = 0.07$

(b) 適合度高　　$R^2 = 0.7296$

図13.4　決定係数と散布図

モデルがデータをうまく表現できている程度を**適合度**といい，これが高い（低い）ことを「モデルの説明力が高い（低い）」「モデルの当てはまりが良い（悪い）」「予測の精度が高い（低い）」などといいます。モデル適合度にはいくつかの指標があります。

重相関係数：観測値と予測値の相関係数 $r_{y\hat{y}}$ で，大文字の R で表記します。解釈は普通の相関係数と同じですが，負の相関になることがないため $0 \leq R \leq 1$ の値をとり，1 に近いほど適合度が高いと解釈します▶。

▶独立変数が1つの回帰分析では，重相関係数は独立変数と従属変数の相関係数と等しくなります（$R=r_{xy}$）
▶**寄与率**ともいいます。
▶重相関係数を2乗すると決定係数と等しくなるのでこのように表記します。

決定係数▶：データ＝観測値の散らばり（平方和 SS_T）に占めるモデル＝予測値の散らばり（平方和 SS_M）の割合で，記号 R^2 で表記します▶。

$$R^2 = \frac{SS_M}{SS_T}$$

決定係数は比率なので $0 \leq R^2 \leq 1$ の値をとり，従属変数の説明率として以下のように解釈できます。

回帰モデルで従属変数の $R^2 \times 100\%$ が説明できた

決定係数は効果量▶でもあり，効果の目安として，以下のよう

.01 → 小，.09 → 中，.25 → 大

と解釈できます▶。

▶名前や記号は違いますが分散分析の効果量 η^2 と同じものです（9章参照）。
▶相関係数の目安をもとにしています（12章参照）。

> 問　冒頭の年齢と年収の例では $R^2=.20$ でした。これはどのように解釈できるでしょうか。

残差の標準偏差：残差は直線から「ズレ」でしたので，その散らばり具合も適合度の指標として使うことがあります。従属変数の標準偏差よりもかなり小さいほうがいいといわれています。

14-2-8　モデルの検定

サンプルの抽出状況によってモデル適合度も変わってきますが，母集団で適合しているかどうか検定することもできます。そのためには図 13.5 のような「平方和の分割▶」を考え，分散分析をおこないます。これ

▶9章参照。

は，収集されたデータの散らばり（全平方和 SS_T）を回帰モデルによって説明できた部分（モデル平方和 SS_M）とできなかった部分（残差平方和 SS_R）に分解していることになります．

図 13.5　平方和の分割

これを散布図上で表現すれば，$\bar{y}$ の平均線からの散らばり（全平方和 SS_T）を，平均線から回帰直線までの散らばり（モデル平方和 SS_M）と回帰直線から観測値までの散らばり（残差平方和 SS_R）に分けていることになります（図 13.6）。

(a) モデル平方和 SS_M　　(b) 残差平方和 SS_R

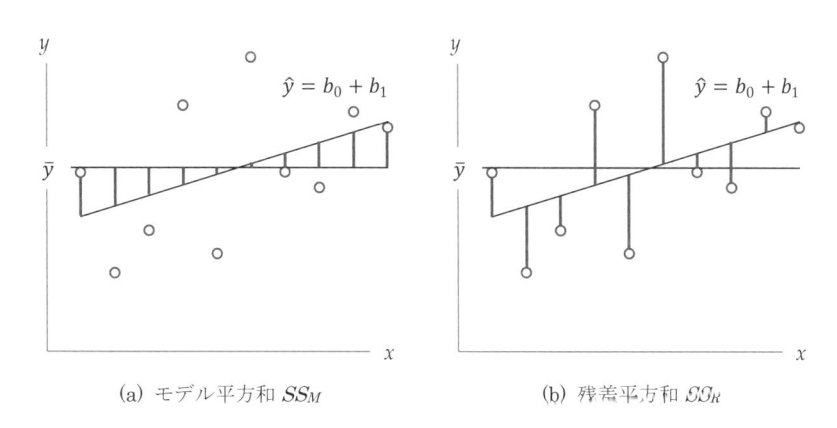

図 13.6　平方和の分割と散布図

以上から，分散分析表は以下のようにまとめられます（表 13.1）。

表 13.1　回帰分析における分散分析表

	SS	df	MS	F
モデル	SS_M	1	SS_M	$\dfrac{MS_M}{MS_R}$
残差	SS_R	$N-2$	$\dfrac{SS_R}{N-2}$	
全体	SS_T	$N-1$		

あとは通常の分散分析と同様，F 統計量を用いて有意確率を計算します。帰無仮説は「母決定係数＝0」，すなわち「母集団で適合していない」です。これが棄却されたとき「母決定係数≠0」，すなわち「母集団で適合している」と判断します。

13-3　補足

前述のように相関係数は密接な関係にあるため，相関係数についての補足▶は基本的にすべて回帰分析にも当てはまります。加えて，以下も注意しましょう。

▶12章参照。

13-3-1　内挿と外挿

求められた重回帰式の x に任意の値を代入して y を予測する際，回帰分析に用いたデータの範囲内で値を代入することを**内挿**，範囲外の値を代入することを**外挿**といいます。後者は信頼性が低く，ありえない予測値が得られる可能性がありますので注意が必要です。

> 問　年収＝206.5＋7.8×年齢という回帰式で10歳の年収を予測してみましょう。

13-3-2　決定係数が大きくても「いい分析」とはかぎらない

従属変数の予測が目的の場合は決定係数が大きければ大きいほどいいのですが，独立変数の影響力を明らかにするのが目的の場合はそうとは

限りません。「いい分析」かどうかは決定係数の大きさではなく理論的背景や分析者の視点によって決まります。

> **問** 独立変数を足のサイズ，従属変数を靴のサイズとした回帰分析の結果，決定係数が 0.90 以上になりました。これは「いい分析」といえるでしょうか。

13-4 前提条件

表13.2に前提条件をまとめます。詳しくは回帰診断▶を参照してください。　　▶15章参照。

表 13.2　回帰分析の前提条件・チェック方法・対処

前提条件	チェック方法	満たさない場合の対処
線形性	独立・従属変数の散布図 独立変数と残差の散布図	変数変換で線形に近似 非線形回帰
独立性	—	無作為抽出データの収集
正規性	歪度・尖度 正規性の検定 ヒストグラム 正規 P-P プロット	変数変換で分布を補正 ロバスト回帰 一般化線形モデル
分散均一性	予測値と残差の散布図 独立変数と残差の散布図	

13-5　SPSS の手順（データ サンプル .sav）　　▶使用するデータファイルを提示しています。

① ［分析］ー［回帰］ー［線型］
② 従属変数と独立変数をそれぞれ［従属変数］［独立変数］ボックスに投入。
▷ （平均値，標準偏差，相関係数を出力したい場合）［統計量］をクリックし，［記述統計量］にチェック。

13章

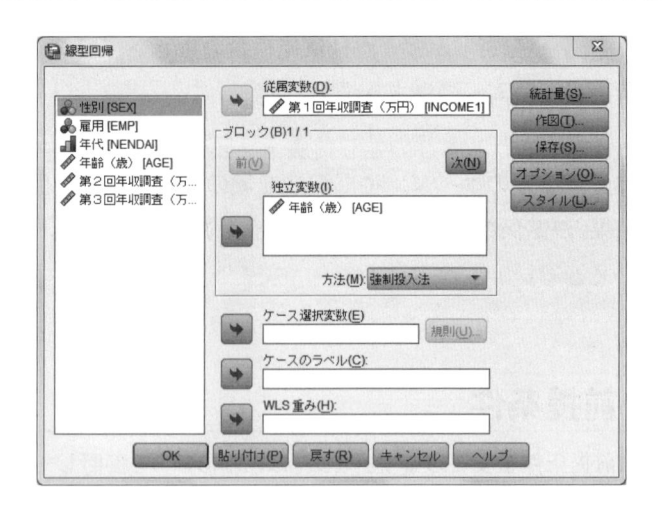

③ 統計量 をクリックし，必要に応じて以下を設定して 続行

- ➢ （回帰係数の区間推定をしたい場合）［回帰係数］―［信頼区間］にチェック
- ➢ （平均値，標準偏差，相関係数を出力したい場合）［記述統計量］にチェック

④ 必要な設定が終わったら OK

- 「記述統計」：統計量 で［記述統計量］にチェックすると出力される。

記述統計

	平均値	標準偏差	度数
第1回年収調査（万円）	513.50	204.542	80
年齢（歳）	39.50	11.616	80

- 「相関」：[統計量] で［記述統計量］にチェックすると出力される。回帰分析に投入した変数間の相関行列。

相関

		第1回年収調査（万円）	年齢（歳）
Pearson の相関	第1回年収調査（万円）	1.000	.441
	年齢（歳）	.441	1.000
有意確率 (片側)	第1回年収調査（万円）	.	.000
	年齢（歳）	.000	.
ケースの数	第1回年収調査（万円）	80	80
	年齢（歳）	80	80

- 「投入済み変数または除去された変数」：分析に投入された独立変数。

投入済み変数または除去された変数[a]

モデル	投入済み変数	除去された変数	方法
1	年齢（歳）[b]	.	強制投入法

a. 従属変数 第1回年収調査（万円）
b. 要求された変数がすべて投入されました。

- 「モデル要約[▶]」：

モデルの要約

モデル	R	R2乗	調整済み R2乗	推定値の標準誤差
1	.441[a]	.195	.185	184.709

a. 予測値.(定数)、年齢（歳）。

> 「R」：重相関係数 R [▶]。
> 「R2乗」：決定係数 R^2 [▶]。
> 「推定値の標準誤差」：残差の標準偏差。

- 「分散分析」：

▶表注「a. 予測値」には、分析に使われた切片（定数）と独立変数が表示されます。「予測値」は"predictor（予測変数）"の誤訳ですので 本来の予測値 $\hat{y}$ と混同しないように注意してください。下の「分散分析」表も同様です。
▶「相関」表の相関係数 r_{xy} に等しくなります。
▶ y が 19.5%説明できたと解釈できます。

13章

分散分析[a]

モデル		平方和	自由度	平均平方	F値	有意確率
1	回帰	644002.443	1	644002.443	18.876	.000[b]
	残差	2661149.202	78	34117.297		
	合計	3305151.645	79			

a. 従属変数 第1回年収調査（万円）
b. 予測値:(定数)、年齢（歳）。

> 「F値」：検定統計量（自由度 $1, N-2$ の F 分布に従う）の値。母決定係数の検定に使用する。

> 「有意確率」：母決定係数の検定結果。帰無仮説「母決定係数＝0」としたとき，「F値」以上の値が得られる確率。小さければ（$p<0.5$ など），帰無仮説を棄却し「母決定係数 ≠ 0」，つまり母集団で適合していると判断する[▶]。

▶ 0.1％水準で有意と判断できます。

- 「係数」：

係数[a]

モデル		非標準化係数		標準化係数	t値	有意確率	Bの95.0%信頼区間	
		B	標準誤差	ベータ			下限	上限
1	(定数)	206.484	73.621		2.805	.006	59.916	353.052
	年齢（歳）	7.773	1.789	.441	4.345	.000	4.211	11.334

a. 従属変数 第1回年収調査（万円）

▶ $\hat{y} = 206.484 + 7.773x$ という回帰直線が求められたことになります。「年齢が1歳増えたとき年収が平均的に7.77万円増える」と解釈できます。
▶「相関」表の相関係数 r_{xy} や「モデル要約」表の重相関係数 R と等しくなります。
▶ $\hat{y} = 0.441x$ という標準得点の回帰直線が求められたことになります。

> 「B」：回帰係数 b_1。ただし，「(定数)」の値は切片 b_0 [▶]。

> 「標準誤差」：回帰係数の標準誤差。

> 「ベータ」：標準回帰係数 β [▶]。切片＝0 となるため「(定数)」行は空白[▶]。

> 「t値」：検定統計量（自由度 $N-2$ の t 分布に従う）の値。母回帰係数の検定に使用する。

> 「有意確率」：母回帰係数の検定結果。帰無仮説「母回帰係数＝0」としたとき，「t値」以上の値が得られる確率。これが小さければ（$p<.05$ など），帰無仮説を棄却し「母回帰係数 ≠ 0」，つまり母集団で独立変数の効果があると判断する。

> 「Bの95.0%信頼区間」：[統計量]で［信頼区間］にチェックすると出力される。

13-6 論文・レポートでの提示

13-6-1 示すべき情報

記述統計量：平均値（M），標準偏差（SD），ケース数（N）

モデル全体：F 値（F），2つの自由度（df_M, df_R），有意確率（p），決定係数（R^2）

個別項目：回帰係数と切片（b），t 値（t），有意確率（p），信頼区間（95% CI [LL, UL]）

13-6-2 提示例

> 社員（$N=80$）を対象に，年収（$M=513.5$万円, $SD=204.5$万円）を従属変数，年齢（$M=39.5$歳, $SD=11.6$歳）を独立変数とする回帰分析をおこなった。結果，有意なモデルが得られ（$F(1, 78) = 18.88$, $p<.001$, $R^2=.20$），切片は206.48（$t=2.81$, $p=.006$, 95% CI[59.92, 353.05]），回帰係数は7.77（$t=4.35$, $p<.001$, 95% CI[4.21, 11.33]）であった。

13章

まとめ

- 2つの量的変数 x と y の相関関係（散布図の状態）を直線 $\hat{y} = b_0 + b_1 x$ で表す。
- 回帰係数 ① は x が y に与える影響力を表し，「x が1単位増えれば y が平均的に ② 増える」と解釈できる。
- 母回帰係数の検定では，帰無仮説「母回帰係数 = ③ 」とし，有意確率が小さければ「母回帰係数 ≠ ③ 」，つまり母集団でも独立変数の効果があると判断する。
- 決定係数 R^2 は直線がデータに適合している程度を表す。
- ④ ≤ R^2 ≤ ⑤ の範囲をとり，「この回帰分析によって変数 y を $R^2 \times 100\%$ 説明した」と解釈できる。
- 母決定係数の検定では，帰無仮説「母決定係数 = ⑥ 」とし，有意確率が小さければ「母決定係数 ≠ ⑥ 」，つまり母集団でも回帰モデルの説明力があると判断する。

練習問題（データ 年収調査.sav）

① 「第1回年収調査」を従属変数，「勤続年数」を独立変数とする回帰分析をしよう。
② 回帰式を記述しよう。
③ 決定係数の検定結果を確認し，値を解釈しよう。
④ 回帰係数の検定結果を確認し，値を解釈しよう。

14章 重回帰分析
1つの量的変数を複数の変数で予測・説明する

14-1 目的：変数のコントロール

　13章では，量的変数を予測・説明する方法として回帰分析を学びました。しかし，学力，給与水準，心理傾向など多くの現象は複数の要因から影響を受けています。そこで本章では，複数の独立変数から1つの量的変数を予測・説明する**重回帰分析**を学びます（図14.1）。

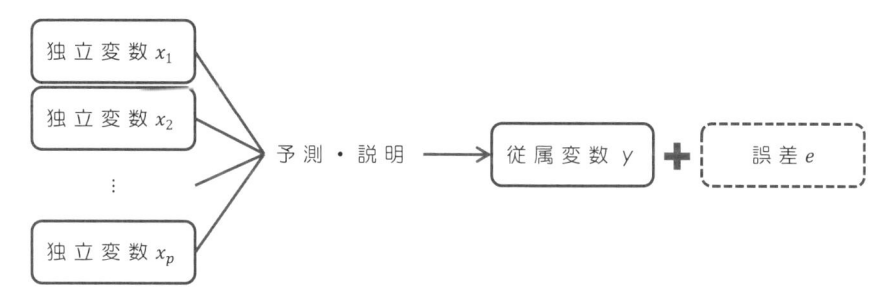

図 14.1　重回帰分析のイメージ

　独立変数が1つの回帰分析は $y = b_0 + b_1 x + e$ というモデルでしたが，重回帰分析では独立変数をそのまま増やして以下のようなモデルを考えます。

▶重回帰分析と区別して**単回帰分析**と呼ぶことがあります。

$$y = b_0 + b_1 x_1 + b_2 x_2 + \cdots + b_p x_p + e$$

　ここで $x_1, x_2, \cdots, x_p$ は p 個の独立変数，$b_1, b_2, \cdots, x_p$ はそれらの回帰係数，b_0 は切片，e は誤差です。重回帰分析では，複数の独立変数を線形結合したモデルで1つの従属変数を予測・説明します。重回帰分析の目的は，他の独立変数をコントロールしたうえで，ある独立変数の効果を

▶12章参照。

明らかにすることです。

> 問 年齢と勤続年数はそれぞれ年収にどれくらい影響しているでしょう。

14-2 考え方

14-2-1 重回帰式

独立変数が 1 つの回帰分析は回帰式 $\hat{y} = b_0 + b_1 x$ を求めることが目的でしたが，独立変数が複数場合は以下の**重回帰式**を求めるのが目的となります。

$$\hat{y} = b_0 + b_1 x_1 + b_2 x_2 + \cdots + b_p x_p$$

単回帰分析と同様，$b_0, b_1, b_2, \cdots, b_p$ は**最小二乗法**で求めます▶。

▶省略しますが，計算はだいぶ難しくなります。

14-2-2 偏回帰係数

$b_1, b_2, \cdots, b_p$ を**偏回帰係数**といいます。偏回帰係数 b_j は，他の独立変数の影響を取り除いたある独立変数 x_j の回帰係数です。これは x_j と y を従属変数，残りの x を独立変数とした重回帰分析でそれぞれ説明されなかった部分＝残差間の回帰係数と考えることができます▶（図 14.2）。

▶偏相関係数のときと同様の考え方です（12 章参照）。

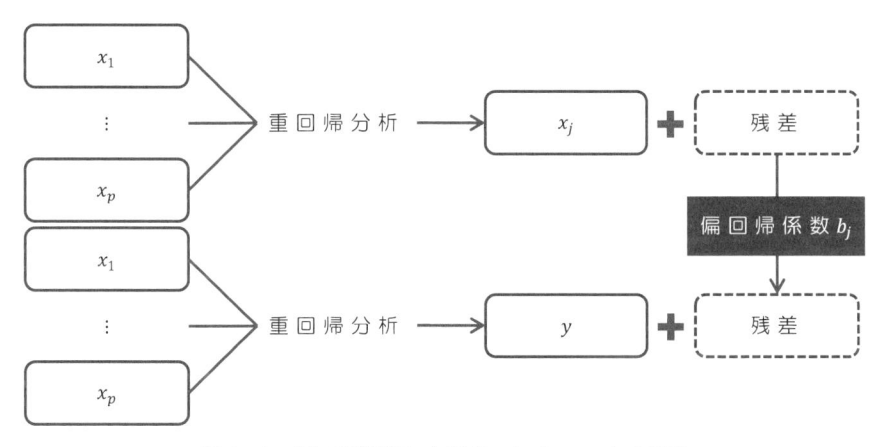

図 14.2　偏回帰係数におけるコントロールの意味

したがって偏回帰係数 b_j は以下のように解釈できます。

> 他の独立変数を一定（同程度）としたとき，
> x_j が 1 単位増えれば y が平均的に b_j 増える

> 問　年収 = 322.9 + 1.2 × 年齢 + 8.7 × 勤続年数という重回帰式から年収（万円）に対する年齢（歳）と勤続年数（年）の影響はどのように解釈できるでしょうか。

14-2-3　標準偏回帰係数

投入するすべての変数を平均 0，分散 1 に標準化したうえで求めた偏回帰係数を標準偏回帰係数 β（ベータ）といいます。各独立変数の影響度を比較するときに使います。多くの場合の値をとり，が大きいほど従属変数への影響が大きいことを意味します。

ある独立変数 x_j の標準偏回帰係数 β_j は，その標準偏差 s_{x_j} と従属変数の標準偏差 s_y を用いて以下のように求めることもできます。

$$\beta_j = b_j \frac{s_{x_j}}{s_y}$$

▶4 章参照。

▶単に**標準化係数**ともいいます。

▶単回帰分析の場合 $\beta = r_{xy} = R$ が成り立ちますので β を参照することは稀です。

全変数を標準化して重回帰分析を行えば $b_0 = 0$, つまり切片のない重回帰式が求められます。係数 β_j は測定単位に関係なく以下のように解釈できます。

他の独立変数を一定（同程度）としたとき，
x_j が 1 標準偏差増えれば y が平均的に β_j 標準偏差増える

> **問** 年収 = 0.07 × 年齢 + 0.52 × 勤続年数という標準偏回帰係数を用いた重回帰式から年収（万円）に対する年齢（歳）と勤続年数（年）の影響はどのように解釈できるでしょうか。また年齢と勤続年数のどちらが大きな影響をもっているでしょうか。

14-2-4　自由度調整済み決定係数

決定係数 $R^2 = 1 - \dfrac{SS_R}{SS_T}$ は独立変数の個数を増やせば大きくなる性質をもっているため，独立変数を分析に多く投入するとモデルの説明力を過大評価してしまいます。そのため，残差平方和 SS_R と全平方和 SS_T をそれぞれの自由度 $N-p-1$ と $N-1$ で調整した**自由度調整済み決定係数** $\hat{R}^2$ が適合度の指標として使われることがあります。

$$\hat{R}^2 = 1 - \dfrac{\dfrac{SS_R}{N-p-1}}{\dfrac{SS_T}{N-1}} = 1 - \dfrac{N-1}{N-p-1}(1-R^2)$$

14-3　前提条件

▶15章参照。

表 14.1 に前提条件をまとめます。詳しくは回帰診断▶を参照してください。

表 14.1 重回帰分析の前提条件・チェック方法・対処

前提条件	チェック方法	満たさない場合の対処
線形関係	独立・従属変数の散布図 独立変数と残差の散布図	変数変換で線形に近似 非線形回帰
独立性	—	無作為抽出データの収集
正規性	歪度・尖度 正規性の検定 ヒストグラム 正規 P-P プロット	変数変換で分布を補正 ロバスト回帰 一般化線形モデル
分散均一性	予測値と残差の散布図 独立変数と残差の散布図	
多重共線性がない	VIF 条件指数	変数の除外または合成

14-4　SPSS の手順① (データ 年収調査 .sav)

① ［分析］— ［回帰］— ［線型］
② 従属変数と複数の独立変数をそれぞれ［従属変数］と［独立変数］ボックスに投入。

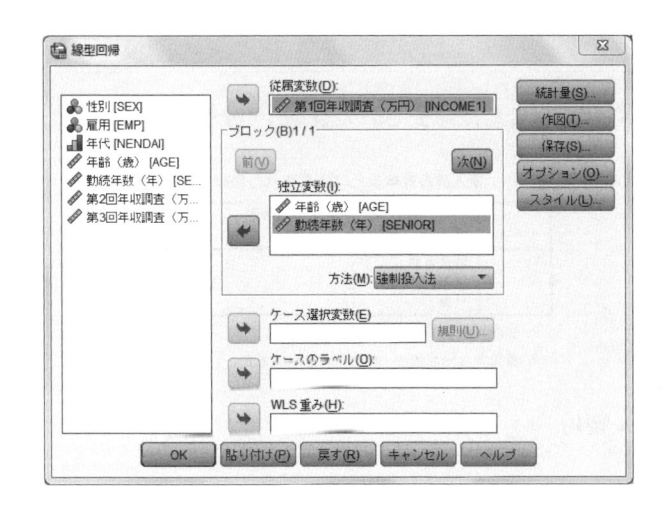

③ 統計量 をクリックし，必要に応じて以下を設定して 続行 ▶

▶本章では，［部分 / 偏相関］のみ追加します。［信頼区間］［記述統計量］については 13 章参照。

14章

> (回帰係数の区間推定をしたい場合)［回帰係数］―［信頼区間］にチェック。
> (平均値，標準偏差，相関係数を出力したい場合) 統計量をクリックし，［記述統計量］にチェック。
> (単相関係数や偏相関係数を出力したい場合)［部分 / 偏相関］にチェック。

④ 必要な設定が終わったら OK

- 「投入済み変数または除去された変数」：分析に投入された独立変数。

投入済み変数または除去された変数[a]

モデル	投入済み変数	除去された変数	方法
1	勤続年数（年）,年齢（歳）[b]		強制投入法

a. 従属変数 第1回年収調査（万円）
b. 要求された変数がすべて投入されました。

- 「モデル要約」：

モデルの要約

モデル	R	R2乗	調整済み R2乗	推定値の標準誤差
1	.569[a]	.323	.306	170.409

a. 予測値: (定数)、勤続年数（年）,年齢（歳）。

- ➤ 「R」：重相関係数 R。
- ➤ 「R2乗」：決定係数 R^2 ▶。　　　　　　　　　　　　▶y が 32.3%説明できたと
- ➤ 「調整済み R2乗」：自由度調整済み決定係数 $\hat{R}^2$。　　解釈できます。
- ➤ 「推定値の標準誤差」：残差の標準偏差。
- 「分散分析」：

分散分析[a]

モデル		平方和	自由度	平均平方	F値	有意確率
1	回帰	1069118.479	2	534559.239	18.408	.000[b]
	残差	2236033.166	77	29039.392		
	合計	3305151.645	79			

a. 従属変数 第1回年収調査（万円）
b. 予測値:(定数)、勤続年数（年）,年齢（歳）。

- ➤ 「F値」：検定統計量（自由度 $p, N-p-1$ の F 分布に従う）の値。母決定係数の検定に使用する。
- ➤ 「有意確率」：母決定係数の検定結果。帰無仮説「母決定係数＝0」としたとき，「F値」以上の値が得られる確率。小さければ（$p<.05$ など），帰無仮説を棄却し「母決定係数≠0」，つまり母集団で適合していると判断する▶。

▶0.1%水準で有意と判断できます。

- 「係数」：

係数[a]

モデル		非標準化係数		標準化係数	t値	有意確率	相関		
		B	標準誤差	ベータ			ゼロ次	偏	部分
1	(定数)	321.864	74.315		4.331	.000			
	年齢（歳）	1.225	2.378	.070	.515	.608	.441	.059	.048
	勤続年数（年）	8.688	2.271	.517	3.826	.000	.567	.400	.359

a. 従属変数 第1回年収調査（万円）

- ➤ 「B」：回帰係数 b_1。ただし「(定数)」の値は切片 b_0 ▶。
- ➤ 「標準誤差」：回帰係数の標準誤差。
- ➤ 「ベータ」：標準偏回帰係数 β_j。切片 $\beta_0=0$ となるため「(定数)」行は空白▶。
- ➤ 「t値」：検定統計量（自由度 $N-p-1$ の t 分布に従う）の値。
- ➤ 「有意確率」：母偏回帰係数の検定結果。帰無仮説「母偏回帰係数

▶$\hat{y}=321.864+1.225x_1+8.688x_2$ という回帰直線が求められたことになります。

▶$\hat{y}=0.070x_1+0.517x_2$ という標準得点の回帰直線が求められたことになります。「年齢」よりも「勤続年数」のほうが影響力が強いことがわかります。

> =0」が正しいとき，「t値」以上の値が得られる確率。これが小さければ（$p<.05$ など），帰無仮説を棄却し「母偏回帰係数 ≠ 0」，つまり母集団で独立変数の効果があると判断する[▶]。

▶ 0.1%水準で有意と判断できます。

> 「相関」：統計量 で［部分/偏相関］にチェックにすると出力される。「ゼロ次」は y との単相関係数，「偏」は他の x をコントロールしたときの y との偏相関係数，「部分」は他の x をコントロールしたときの y との部分相関係数[▶]。

▶ x_j 以外を独立変数，y を従属変数とする重回帰分析から得られた残差と x_j との相関係数。偏相関係数（残差間の相関係数）との違いに注意してください。

14-5 補足

14-5-1 独立変数間の相関に注意する

独立変数が複数になることで**多重共線性**[▶]の問題にも注意する必要があります。これは独立変数間の相関が大きすぎる場合，回帰モデルに別の線形回帰関係が含まれていて推定が不安定になる問題です。

▶ 15章参照。

14-5-2 質的変数の回帰分析

以上の回帰分析は，従属・独立変数ともに量的変数を想定していました。質的変数を投入する場合，尺度水準や独立・従属によって分析方法が変わってきます（表14.2）。

表 14.2 質的変数の重回帰分析

	独立変数	従属変数
2値データ	量的変数とみなしてそのまま分析	2項ロジスティック回帰
	カテゴリ別に分析	2項プロビット回帰
名義データ	ダミー変数化して分析	多項ロジスティック回帰
		多項プロビット回帰
順序データ		順序ロジスティック回帰
		順序プロビット回帰

質的な独立変数を考えます。順序尺度の場合，量的変数とみなしてそのまま分析することも可能です[▶]。名義尺度の場合はそれができません。そこで男女別や年代別など質的変数のカテゴリ別に分析するという方

▶ 便宜的に順序データの平均値を計算する場合と同様です。ただしもちろん従属変数と線形関係になければなりません。

法も考えられます。ただし，カテゴリ別分析は結果がわかりやすい反面，カテゴリ変数自体の効果がわからない，カテゴリが多いときに結果が煩雑になる，サンプルを分けているため検定力が弱くなるといったデメリットがあります。

14-5-3 ダミー変数

質的変数をダミー変数に変換して分析に投入すれば，そうしたデメリットを回避することができます。

質的変数のカテゴリが k 個のとき，各カテゴリに該当する場合を1，そうでない場合を0とするダミー変数を作成します[▶]。

▶ダミー変数を作成することを**ダミー・コーディング**といいます。0/1 意外にもコーディングの方法があります (Hardy 1993)。

|例| 正規雇用＝1・非正規雇用＝2・無職＝3 の雇用変数から，正規雇用＝1・それ以外＝0，非正規雇用＝1・それ以外＝0，無職＝1・それ以外＝0のダミー変数を3つ作成。そのうち任意の2つを分析に投入（表 14.3）。

表 14.3 ダミー変数の作成

雇用		正規ダミー	非正規ダミー	無職ダミー
2 非正規		0	1	0
3 無職	→	0	0	1
1 正規		1	0	0
1 正規		1	0	0
2 非正規		0	1	0

どれか1つは分析に投入しない

分析には，そのうち $k-1$ 個のダミー変数を投入します。あるダミー変数 X_j [▶] は残りのダミー変数で100%説明できてしまう[▶]ため，すべてを投入すると完全な多重共線性が起こるためです[▶]。

ダミー変数 X_1 と通常の量的変数 x_2 を独立変数とする重回帰分析をおこなうと以下のような重回帰式が得られます。

▶量的変数と区別するために大文字を使っています。
▶SPSS ですべてのダミー変数を投入すると，自動的に1つが除外されます。
▶SPSS ですべてのダミー変数を投入すると，自動的に1つが除外されます。

14章

$$\hat{y} = b_0 + b_1 X_1 + b_2 x_2$$

X_1 は 0/1 しか値をとりませんので，この式は $X_1 = 0$ のとき $\hat{y} = b_0 + b_2 x_2$，$X_1 = 1$ のとき $\hat{y} = b_0 + b_1 + b_2 x_2$ となり，傾きが同じで切片が異なる回帰直線を 2 本引いたような状態になります（図 14.3）。

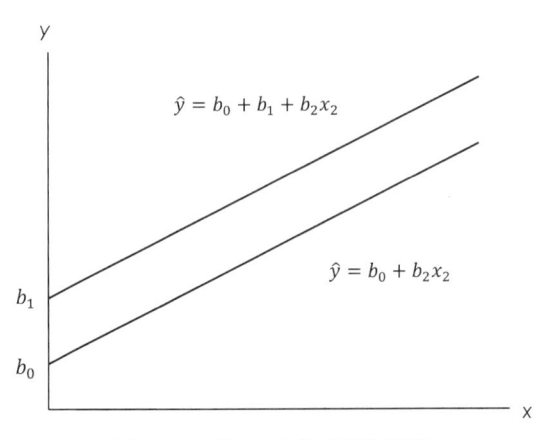

図 14.3　ダミー変数と回帰直線

▶基準カテゴリやリファレンス・カテゴリといいます。

$X_1 = 0$ は分析に投入しなかったカテゴリ▶を意味しますから，ダミー変数の偏回帰係数 b_1 は以下のように解釈できます。

他の独立変数を一定（同程度）としたとき，
$X_1 = 1$ カテゴリは基準カテゴリよりも平均的に b_1 大きい

> 例　年収（万円）を従属変数とする回帰分析において男性ダミー変数（男性＝1・女性＝0）の偏回帰係数が 100 の場合，「男性は女性に比べて平均的に 100 万円年収が高い」となります。

14-5-4 交互作用

図 14.3 に示されているように，ダミー変数を投入した重回帰分析は回帰直線が平行であることを仮定しています。ところが現実には平行とは考えられないデータが多々あります。その場合，**交互作用項**を追加します。交互作用項は2つの変数の積で作成します[▶]。

▶ここではダミー変数×量的変数の交互作用項を紹介しますが，ダミー変数同士，量的変数同士，3変数の交互作用項が用いられることもあります（Jaccard and Turrisi 2003）。ダミー変数同士は分散分析の交互作用と同様です（10章参照）。

ダミー変数 X_1，通常の量的変数 x_2，それらの交互作用項 $X_1 x_2$ を独立変数とする重回帰分析を行うと以下のような重回帰式が得られます。

$$\hat{y} = b_0 + b_1 X_1 + b_2 x_2 + b_3 X_1 x_2$$

この式は $X_1 = 0$ のとき $\hat{y} = b_0 + b_2 x_2$，$X_1 = 1$ のとき $\hat{y} = b_0 + b_1 + (b_2 + b_3)x_2$ となり，切片だけではなく傾きも異なる回帰直線を引いた状態になります（図 14.4）。

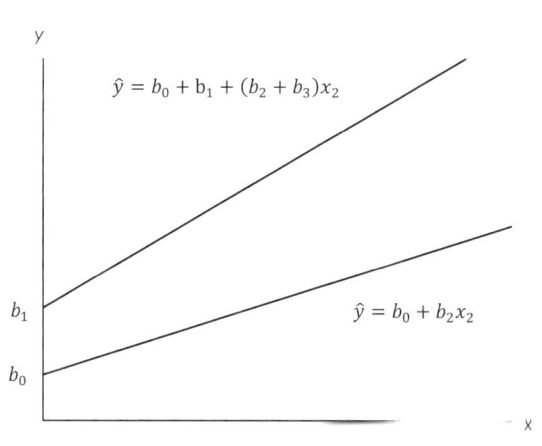

図 14.4　交互作用項と回帰直線

交互作用項の偏回帰係数 b_3 は x_2 の変化量の違いなので以下のように解釈できます。

> 他の独立変数を一定（同程度）としたとき，x_2 が1単位増えたときの y の増え方は基準カテゴリよりも平均的に b_3 大きい

14章

> 例　年収（万円）を従属変数とする回帰分析において年齢の偏回帰係数が 10，男性ダミー変数（男性＝1・女性＝0）の偏回帰係数が 100，それらの交互作用項の偏回帰係数が 5 のとき，「年齢が 1 歳上がったときの年収の増え方は，男性が女性より平均的に 5 万円高い」となります。

交互作用項 $X_1 x_2$ がある場合，ダミー変数 X_1 と量的変数 x_2 の偏回帰係数 b_1 と b_2 はこれまで通り解釈できないので注意が必要です。

> 例　上の例では，「男性の場合，年齢が 1 歳上がれば年収が 15 万円上がる」「女性の場合，年齢が 1 歳上がれば年収が 10 万円上がる」と解釈できます。

14-6　SPSS の手順②　(データ 年収調査.sav)

14-6-1　ダミー変数の作成

① ［変換］―［変数の計算］

② ［目標変数］に新しい変数名，［数式］に「元の変数＝ダミー変数を作成したいカテゴリの値」を入力。

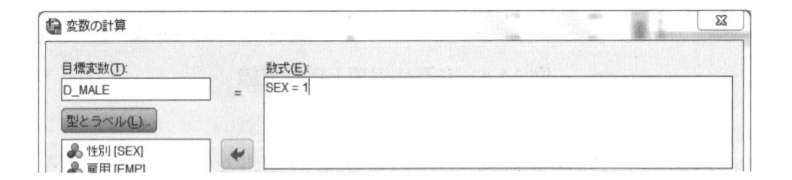

▶もちろん［他の値の再割り当て］を使っても作成できます（5 章参照）。

③ （変数ラベルをここで指定したい場合）［型とラベル］をクリックし，［ラベル］に入力して［続行］

④ 必要な設定が終わったら ［OK］

- 「クロス表」：設定した値＝1，それ以外の値＝0のダミー変数が作成される▶。

性別 と 男性ダミー のクロス表

度数

		男性ダミー		合計
		0	1	
性別	男性	0	40	40
	女性	40	0	40
合計		40	40	80

▶実はSPSSでは，元の変数が2値の場合，そのまま分析に投入しても内部的にダミー変数として処理されるようです。たとえば男性＝1・女性＝2をそのまま投入すると，男性＝0・女性＝1として処理されます。元の変数で大きいほうの値が＝1として処理されるので注意が必要です。

- 重回帰分析の「係数」：

係数[a]

モデル		非標準化係数		標準化係数	t値	有意確率
		B	標準誤差	ベータ		
1	(定数)	116.478	66.934		1.740	.086
	男性ダミー	180.012	36.155	.443	4.979	.000
	年齢（歳）	7.773	1.566	.441	4.963	.000

a. 従属変数 第1回年収調査（万円）

> 問 上の「係数」で男性ダミーの「B」はどのように解釈できるでしょうか。

14-6-2 交互作用項の作成

① ［変換］―［変数の計算］

② ［目標変数］に変数名，［数式］に「ダミー変数＊量的変数」を入力。

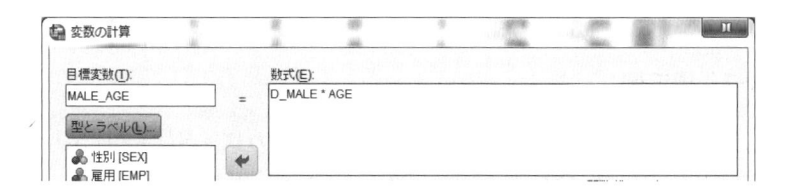

③ （変数ラベルをここで指定したい場合）型とラベルをクリックし，

14章

　　　［ラベル］に入力して 続行

④　必要な設定が終わったら OK

- 重回帰分析の「係数」：

係数[a]

モデル	非標準化係数 B	非標準化係数 標準誤差	標準化係数 ベータ	t値	有意確率
1　(定数)	308.469	85.808		3.595	.001
男性ダミー	-203.970	121.351	-.502	-1.681	.097
年齢（歳）	2.912	2.085	.165	1.397	.167
男性ダミー×年齢	9.721	2.949	1.022	3.297	.001

a. 従属変数 第1回年収調査（万円）

> 問　上の「係数」で男性ダミー×年齢の「B」はどのように解釈できるでしょうか。

14-7　レポート・論文での示し方

14-7-1　示すべき情報

　記述統計：平均値（M），標準偏差（SD），ケース数（N）

　モデル全体：F値（F），2つの自由度（df_M, df_R），有意確率（p），決定係数（R^2）または自由度調整済み決定係数（Adj. R^2）

　各項目：回帰係数（b）または標準偏回帰係数（β），切片，t値（t），有意確率（p），信頼区間（95% CI(LL, UL)）

14-8-2　提示例

> 　社員（$N=80$）を対象に，年収（$M=513.5$万円, $SD=204.5$万円）を従属変数，年齢（$M=39.5$歳, $SD=11.6$歳）と勤続年数（$M=16.5$年, $SD=12.2$年）を独立変数とする重回帰分析を行った。結果，有意

なモデルが得られた ($F(2, 77) = 18.41$, $p<.001$, Adj. $R^2 = .31$)。表 14.4 に詳細を示す。

表 14.4 年収を従属変数とする重回帰分析 ($N=80$)

独立変数	b	β	t	95% CI
切片	321.86		4.33***	[173.88, 469.85]
年齢(歳)	1.23	.07	.52	[−3.51, 5.96]
勤続年数(年)	8.69	.52	3.83***	[4.17, 13.21]
Adj. R^2			.31	
$F(2, 77)$			18.41***	

***$p<.001$

14-7-3 アレンジ

- t 値を省略し，いずれかの係数のみを表記することもあります。その場合は係数の横にアスタリスクをつけます。
- 信頼区間の代わりに標準誤差 SE を表記する簡便な方法もあります。サンプルが大きければ $b \pm 2SE$ ▶ が 95% 信頼区間になると大まかに読み取ることができます。

▶サンプルが大きければ t 分布が正規分布に近くなるため，95% 信頼区間も $b \pm 1.96SE$ に近くなるからです。

- 各独立変数と従属変数の相関係数を併記することがあります。相関係数は単回帰分析の標準偏回帰係数と等しい▶ため，他の独立変数をコントロールした重回帰分析の結果と比較できます。

▶13章参照。

まとめ

- 複数の量的変数 $x_1, x_2, \cdots, x_p$ と1つの従属変数 y の相関関係を $\hat{y} = b_0 + b_1 x_1 + b_2 x_2 + \cdots + b_p x_p$ で表す。
- 偏回帰係数 $b_1, b_2, \cdots, b_p$ は，他の独立変数をコントロールした各独立変数 $x_1, x_2, \cdots, x_p$ の回帰係数である。たとえば b_1 は，「 ① 以外の変数を一定としたとき， ① が1単位増えれば y が平均的に ② 増える」と解釈できる。
- すべての変数を平均0，分散1に標準化したうえで求めた回帰係数を標準偏回帰係数 β という。各独立変数の影響力を ③ するときに参照する。
- 決定係数 R^2 は直線モデルがデータに適合している程度を表す。独立変数の個数を増やせば過度に ④ なる性質をもっているため，独立変数が多い重回帰分析では自由度調整済み決定係数 $\hat{R}^2$ を参照するのが望ましい。

練習問題（データ 年収調査.sav）

① 変数「雇用」を加工し，「正規雇用ダミー」を作成しよう。
② 「第1回年収調査」を従属変数，「正規雇用ダミー」「勤続年数」を独立変数とする重回帰分析をしよう。
③ 重回帰式を記述しよう。
④ 決定係数の検定結果を確認し，値を解釈しよう。
⑤ 各偏回帰係数の検定結果を確認し，値を解釈しよう。
⑥ どちらの独立変数が従属変数に対して大きな影響を与えているか確認しよう。
⑦ 交互作用項「正規雇用 × 勤続年数」を追加投入し，分析結果を比較しよう。

15章 回帰診断
回帰分析の前提条件をチェックする

15-1　目的：回帰分析に適したデータかチェックする

　13・14章で学んだように，回帰分析から正しい結果を得るにはデータがいくつかの前提条件を満たしている必要がありました。無作為標本を除いて▶もう一度まとめると以下のようになります。

① 　線形性▶：独立・従属変数が線形関係。
② 　正規性：誤差が正規分布に従う。
③ 　分散均一性：残差の分散が独立変数の各値に対して均一。
④ 　多重共線性がない。

▶データ収集方法に関わる問題ですのでここでは除きます。
▶**加法性**ともいいます。

　こうした回帰分析の前提条件をチェックすることを**回帰診断**といいます。実際の分析では，事前にデータの分布などをチェックし，分析後に残差や多重共線性をチェックします。必要があればその後，変数の加工や取捨選択を行い再分析と事後診断を繰り返します（図15.1）。

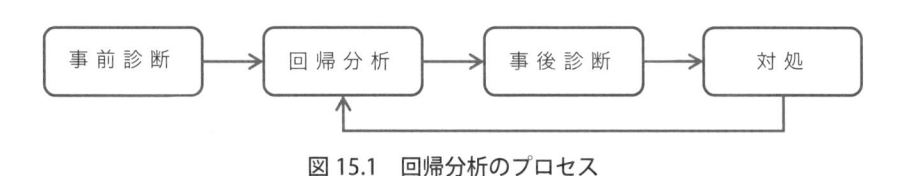

事前診断 → 回帰分析 → 事後診断 → 対処

図 15.1　回帰分析のプロセス

15-2　線形性

15-2-1　考え方

　回帰分析は曲線関係を適切にモデル化できません。ただし曲線関係にも直線で近似できるものとできないものがあります。図15.2(a)(b)は両

15章

▶曲線モデルを使った回帰分析です。

方とも曲線関係の例です。(a)は非線形回帰▶では決定係数 $R^2=.93$ なのに対し通常の回帰分析では $R^2=.84$ なので，当てはまりは悪くなりますが場合によっては代用可能な範囲です。他方(b)は非線形回帰が $R^2=.90$ なのに対し，通常の回帰分析では $R^2=.00$ で無相関になりますので，直線モデルは完全に不適切です。

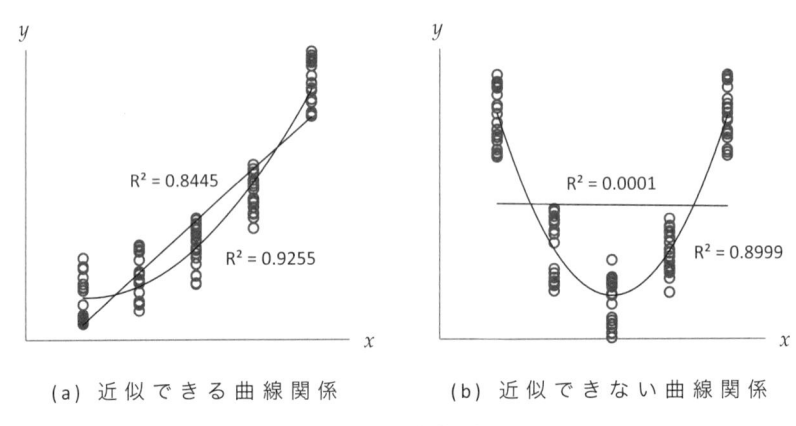

(a) 近似できる曲線関係　　(b) 近似できない曲線関係

図 15.2　曲線関係

15-2-2　診断方法

チェック方法としては，やはり散布図を描くのが一番です。重回帰分析など変数が多い場合は**散布図行列**を利用して一挙に確認しましょう。対角セルにヒストグラムが掲載されるものを利用すれば各変数の分布も同時に確認できて便利です（図 15.3）。

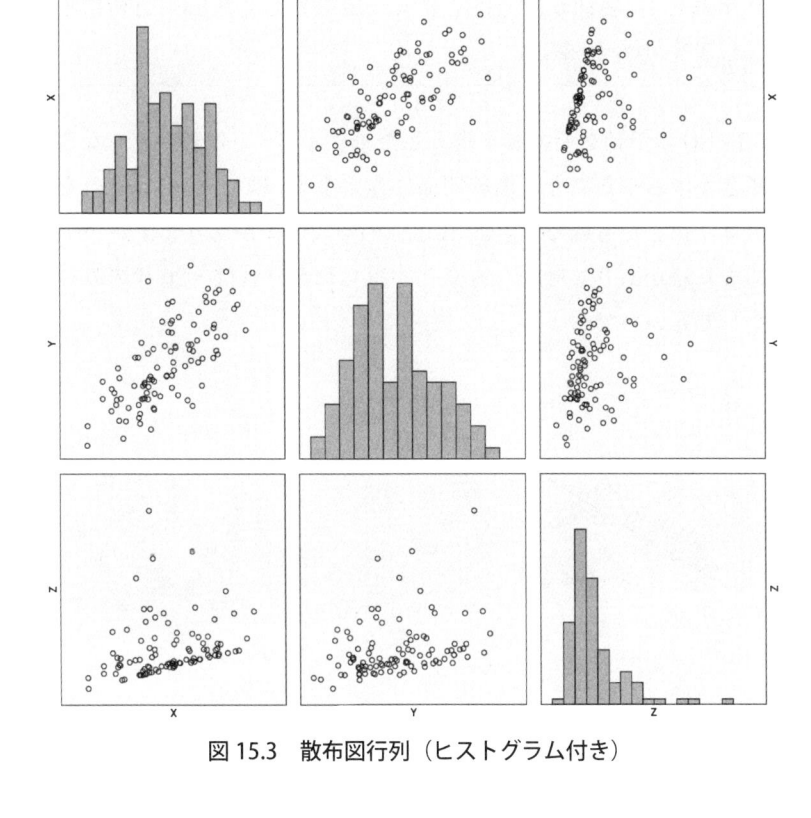

図 15.3　散布図行列（ヒストグラム付き）

15-2-3　対処方法

① 変数変換で線形に近似。

② 非線形回帰。

①は，元の変数の対数や指数をとるなど変換することによって分布の形状を補正する方法です。元データに応じてさまざまな変換方法があります。また，情報量が失われるというデメリットはありますが，もともと量的な独立変数をカテゴリ化して分析に投入してみる方法もあります。

> 例　年齢を 10 歳刻みに分けてダミー変数として重回帰分析に投入します（図 15.4）。

　図 15.4(a) は年齢をそのまま投入したモデルです。年齢が高くなるにつれて傾きがゆるやかになる曲線関係にみえます。図 15.4(b) はそれを年代にカテゴリ化したものです。20 代と他の年代は差がありますが，30 〜 50 代はあまり差がありません。有意差が得られなければ，20 代のみの効果とみなしてもいいでしょう。

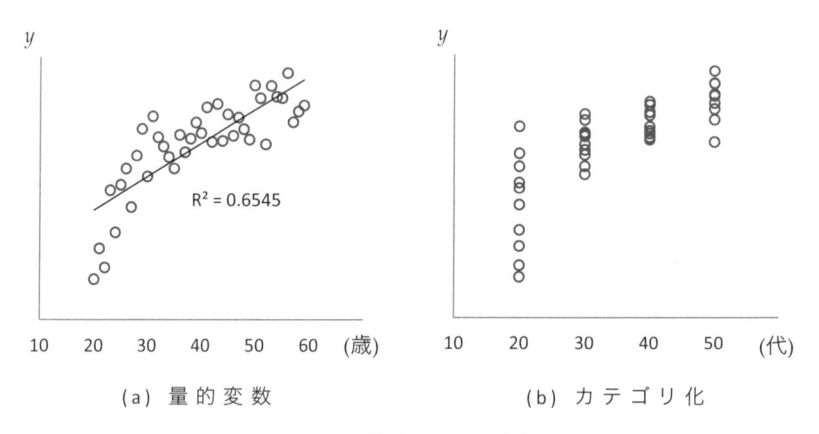

図 15.4　曲線関係への対処

　非線形回帰は，独立・従属変数間に 2 次関数や 3 次関数など曲線的な関係を仮定した回帰分析です（図 15.2）。SPSS では［曲線推定］や［非線型回帰］というメニューから実行できます。

15-3　正規性と分散均一性

15-3-1　考え方
散布図で残差の正規性と分散均一性を確認しましょう（図 15.5）。

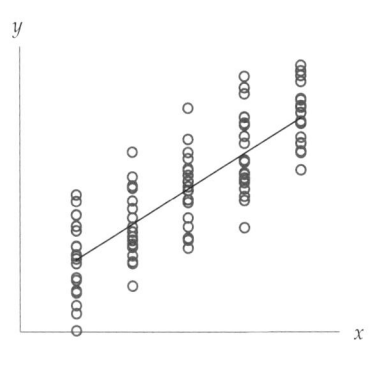

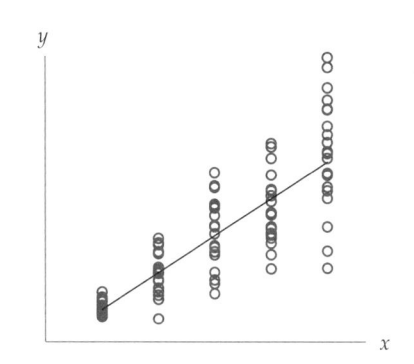

(a) 正規分布・均一分散　　(b) 正規分布・不均一分散

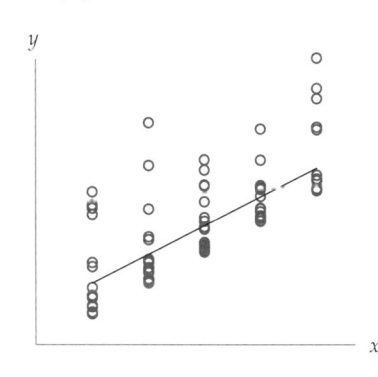

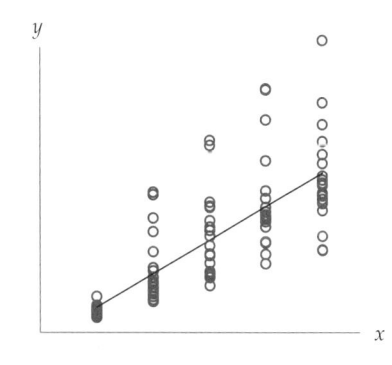

(c) 非正規分布・均一分散　　(d) 非正規分布・不均一分散

図 15.5　残差の正規性と分散均一性

　残差の正規性と分散均一性が仮定できる場合（図 15.5(a)），x がどの値でも回帰直線を周りにデータが多く，それを中心として上下にまんべんなく散らばっています。

　分散が不均一になるということは x の値によって上下の散らばりにムラが出るということです。図 15.5(b)(d) は x が大きくなるにつれて散らばりが大きくなっていますが，これでは x が小さいときに回帰モデルの説明力が高く，大きいときに低くなってしまいます。

　パラメトリック検定は，誤差が正規分布に従って発生することを仮定していますので，回帰分析でもこれが満たされないと不正確な検定結果

を得ることになってしまいます。図 15.5(c)(d)は上に裾が長い分布となっています[▶]。

15-3-2　診断方法

正規性を視覚的にチェックする方法としては，標準化残差のヒストグラムや**正規 P-P プロット**がよく用いられます[▶]（図 15.6）。正規 P-P プロットは，残差が正規分布に従う場合の期待値を対角線で表し，実際の残差と一致度をみるグラフです。正規分布でない場合，対角線からズレます。正規 Q-Q プロットとの違いは，X, Y 軸とも累積パーセントを用いているところです[▶]。

[▶] 一般に，年収や資産はこうした分布になります。

[▶] 残差の正規性を視覚的に判断するのが難しい場合は，Kolmogorov-Smirnov 検定や Shapilo-Wilk 検定から判断する方法もあります（4章参照）。

[▶] X, Y 軸とも確率（probability-probability）なので P-P プロットといいます。

(a)　正　規　分　布

(b)　正　規　分　布

(c)　非　正　規　分　布

(d)　非　正　規　分　布

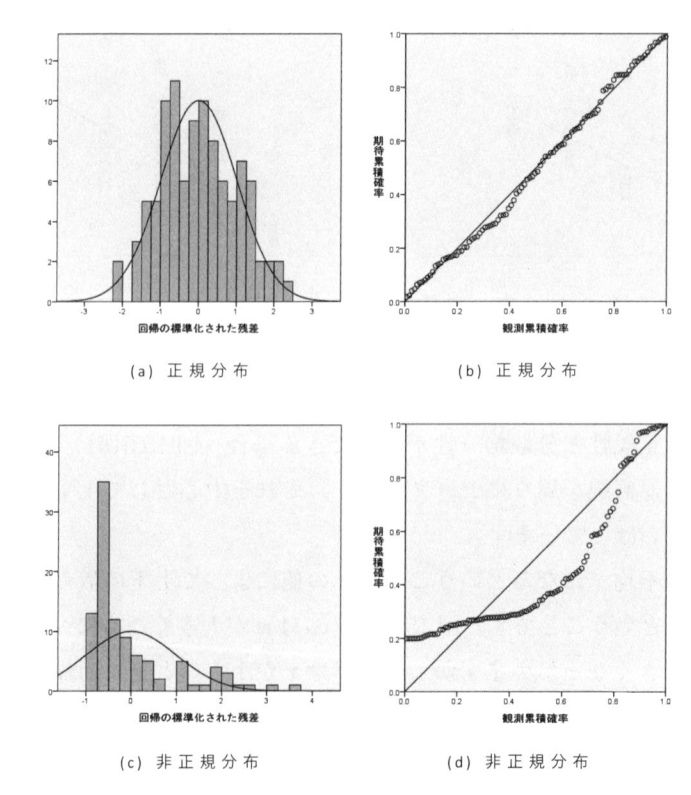

図 15.6　標準化残差のヒストグラムと正規 P-P プロット

15-3 正規性と分散均一性

　図15.6(a)(b)は図15.5(a)の回帰分析の標準化残差についてのグラフです。ヒストグラムの形もよく，正規P-Pプロットも対角線に沿っているので正規分布に従っていることがわかります。図15.6(c)(d)は図15.5(c)の標準化残差を用いたグラフです。ヒストグラムの裾が右に長く，正規P-Pプロットも対角線から大きく逸れていますので明らかに正規分布ではないことがわかります。

　分散均一性を視覚的にチェックするには，通常の独立・従属変数の散布図はもちろん，標準化予測値と標準化残差の散布図も用いられます（図15.7）。後者は，標準化残差が0の水平線を中心として上下に均等に散らばっているかを確認します。

▶独立変数と残差の散布図でも可です。Breusch–Pagan（ブルーシュ-ペイガン）検定やWhite（ホワイト）検定などでチェックする方法もありますが，SPSSには実装されていませんのでマクロなどを用いる必要があります。

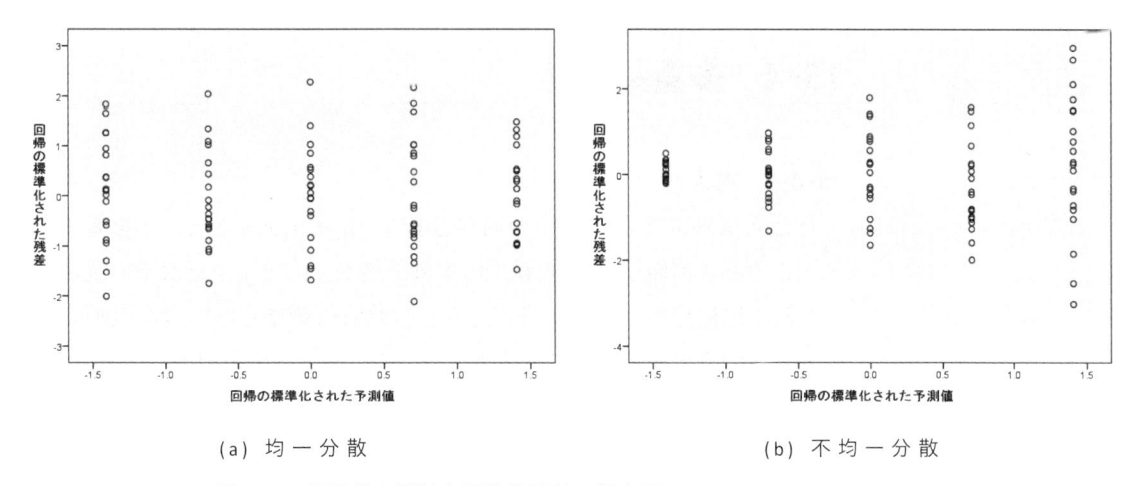

(a) 均一分散　　　　　(b) 不均一分散

図15.7　標準化予測値と標準化残差の散布図

　図15.7(a)は図15.5(a)の標準化残差を用いた散布図です。どの予測値に対しても残差が上下にまんべんなく散らばっているので均一分散であるとみなせます。図15.7(b)は図15.5(c)の標準化残差を用いた散布図です。予測値が大きくなるにつれて残差の散らばりが大きくなっているので，不均一分散であることがわかります。

15-3-3　対処方法

① 変数変換で分布を補正。
② ロバスト回帰。
③ 一般化線形モデル。

①は，残差が均一分散の正規分布に近くなるよう変数変換で補正する方法です。非正規性だけではなく不均一分散も，独立・従属変数の分布の歪みからもたらされることがあるので，変数変換が用いられます。

②は，前提条件を満たさなくても，ある程度正確な結果が得られるよう標準誤差を補正した回帰分析です。③は，誤差に正規分布以外を想定した回帰分析も扱えるモデルです。SPSSでは［一般化線型モデル］メニューから実行することができます。

15-4　多重共線性

15-4-1　考え方

たとえば独立変数が2つの回帰分析 $y = b_0 + b_1 x_1 + b_2 x_2 + e$ を考えます。このとき偏回帰係数 b_1 は，x_2 を独立変数，x_1 と y をそれぞれ従属変数とした回帰分析で生じた残差どうしの回帰係数でした▶（図15.8）。このとき，独立変数間の相関が高くて x_1 が x_2 によって説明されすぎると，残差の情報が少なくなるため b_1 が不安定になります▶。

▶14章参照。

▶かりに x_1 が x_2 によって100%説明されると，残差はすべて0なので独立変数が2つのモデルが成り立ちません。

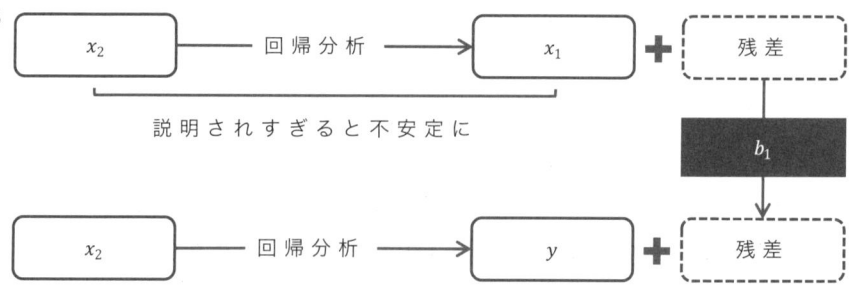

図15.8　偏回帰係数＝残差間の回帰係数

このように，重回帰分析において独立変数間の相関が強すぎるときに，偏回帰係数の推定が不安定になることを**多重共線性**といいます。主に以下のような問題が起きます。

- 偏回帰係数の符号が理論や常識とあわない。
- 決定係数が大きいのに，各独立変数の偏回帰係数が有意でない。
- 独立変数の追加・削除で，偏回帰係数やその有意性が大きく変化する。

15-4-2　診断方法

SPSSでは以下のようなチェック方法が実装されています。

VIF▶：ある独立変数 x_j の VIF_j は以下のように定義されます。

$$VIF_j = \frac{1}{1-R_j^2}$$

▶VIF（variance inflation factor）の訳で**分散拡大要因**ともいいます。

ここで R_j^2 は，x_j を従属変数，それ以外の独立変数を独立変数として重回帰分析を行ったときの決定係数です。つまり x_j が他の独立変数で説明される程度なので，これが大きすぎると多重共線性が疑われます。$1-R_j^2$ は x_j がその他の独立変数で説明されない部分を意味しますが，これを**許容度**▶といいます。許容度の逆数が VIF です。目安として $VIF > 10$ のときに多重共線性があると判断されます▶。

条件指数：どの独立変数同士に多重共線性があるか判断する場合には**条件指数**が用いられます。回帰分析する変数で主成分分析▶をし，主成分へ同時に寄与している変数間に多重共線性があると判断します。次元 j の条件指数 CI_j は以下のように定義されます。

$$CI_j = \sqrt{\frac{\lambda_1}{\lambda_j}}$$

▶許容度（tolerance）なので，そのまま**トレランス**ということもあります。

▶$R_j^2 > 0.9$ のとき $VIF_j > 10$ になります。$R_j^2 > 0.8$ のとき $VIF_j > 5$ なので，これを目安にする人もいるようです。

▶17章参照。

ここで λ_1 は次元1の固有値，λ_j は次元 j の固有値です。目安として $CI_j > 30$ の次元が用いられます▶。

▶$CI_j > 15$ などもっと小さい目安を採用する人もいるようです。

15章

15-4-3 対処方法

① 多重共線性のある独立変数の1つを分析から除外
② 多重共線性のある独立変数を1つの変数に合成

①は，似たような独立変数を何個も投入しても意味がないとして変数の数を減らす方法です。②には，合計得点，平均値，主成分得点や因子得点▶を用いる方法があります。ただし多重共線性は程度問題ですので，偏回帰係数が解釈可能なようでしたらそのまま分析してもいいでしょう。

▶17章参照。

15-5　SPSSの手順（データ 年収調査.sav）

15-5-1 線形性

① ［グラフ］—［グラフボード テンプレート選択］—［線型］
② 左ボックスから投入する変数をすべて選択→右ボックスから「散布図の行列（SPLOM）」を選択→ OK

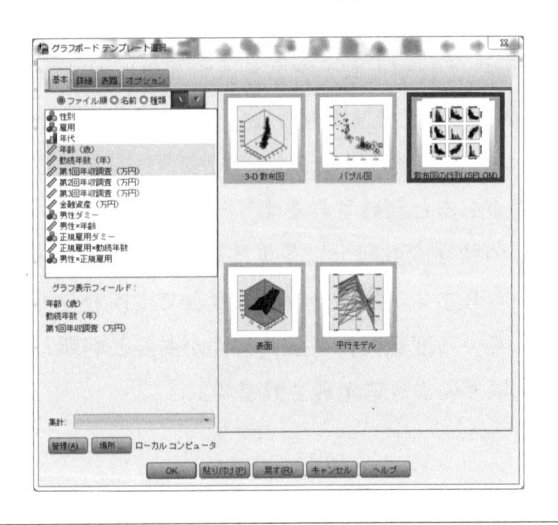

▶従属変数がy軸，独立変数がx軸に来るような散布図を参照します。ここでは下段の2つです。形状をみると線型関係を仮定して問題なさそうです。

- 「散布図行列」：ヒストグラム付き散布図行列が出力される▶。

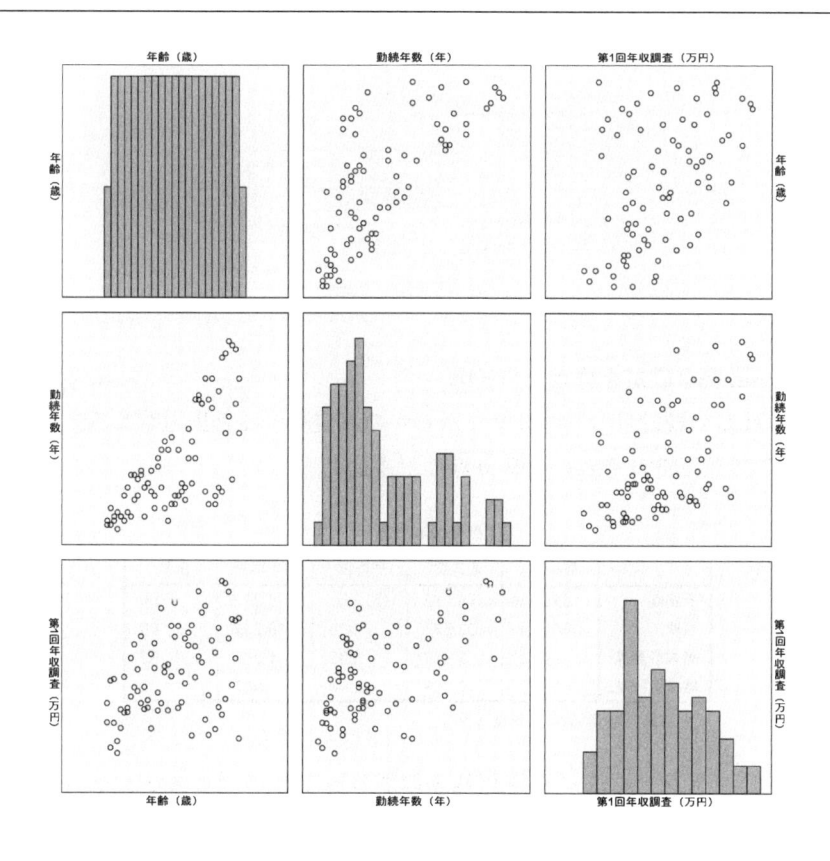

15-5-2　正規性と分散均一性

① ［線型回帰］の設定中に作図をクリックし，必要に応じて以下を設定して続行

> （標準化残差のヒストグラムを出力したい場合）［標準化残差のプロット］の［ヒストグラム］にチェック。

> （標準化残差のQ-Qプロットを出力したい場合）［標準化残差のプロット］の［正規確率プロット］にチェック。

> （標準化予測値・残差の散布図を出力したい場合）［散布図］の［Y］に「ZRESID」，［X］に「ZPRED」を投入。

15章

② 必要な設定を終えたら OK

- 「残差の統計量」：作図 でなんらかの設定をすると出力される。予測値，残差，それぞれの標準得点の記述統計量。

残差の統計量[a]

	最小値	最大値	平均値	標準偏差	度数
予測値	358.73	790.12	513.50	116.332	80
残差	-396.714	403.577	.000	168.239	80
標準予測値	-1.330	2.378	.000	1.000	80
標準化残差	-2.328	2.368	.000	.987	80

a. 従属変数 第1回年収調査（万円）

- 「ヒストグラム」：[標準化残差のプロット] の [ヒストグラム] にチェックすると出力される。正規分布の期待値も曲線状に重ねて出力される。

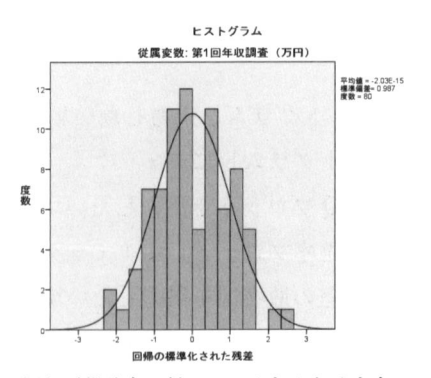

概ね正規分布に従っているとみなせます。

- 「標準化残差の回帰の正規 P-P プロット」：[標準化残差のプロット] の [正規確率プロット] にチェックすると出力される。

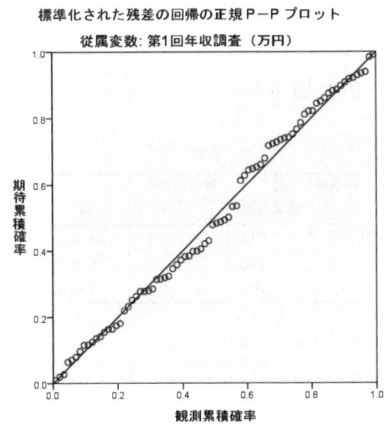

標準化された残差の回帰の正規 P-P プロット
従属変数: 第1回年収調査（万円）

概ね直線上に並んでいるので正規分布に従っているとみなせます。

- 「散布図」：標準化された予測値と残差の散布図。

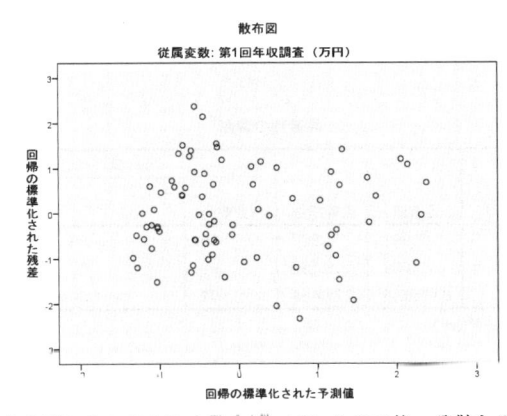

散布図
従属変数: 第1回年収調査（万円）

概ね0から上下にまんべんなく散らばっているので均一分散とみなせます。

15-5-3 多重共線性（データ 足と背 .sav）

① ［線型回帰］の設定中に 統計量 をクリック。
② ［線型回帰：統計］ダイアログで［共線性の診断］にチェック後

15章

　　　　続行 → OK

③　必要な設定を終えたら OK

- 「係数」：統計量 で［共線性の診断］にチェックすると，表の右に「共線性の統計量」が追加される。

係数[a]

モデル		非標準化係数		標準化係数	t値	有意確率	共線性の統計量	
		B	標準誤差	ベータ			許容度	VIF
1	(定数)	120.269	.879		136.863	.000		
	右足のサイズ(cm)	-.494	.354	-.252	-1.397	.180	.009	111.725
	左足のサイズ(cm)	2.526	.365	1.248	6.918	.000	.009	111.725

a. 従属変数 身長(cm)

  - > 「許容度」：許容度。目安として 0.1 より小さいとき多重共線性があると判断する。
  - > 「VIF」：VIF。目安として 10 より大きいとき多重共線性があると判断する[▶]。

▶ VIF = 111.725 なので多重共線性があると判断できます。実際,従属変数は「身長」なのに「右足のサイズ」の偏回帰係数がマイナスになっています。

- 「共線性の診断」：統計量 で［共線性の診断］にチェックすると出力される。

共線性の診断[a]

モデル	次元	固有値	条件指数	分散プロパティ		
				(定数)	右足のサイズ (cm)	左足のサイズ (cm)
1	1	2.991	1.000	.00	.00	.00
	2	.009	18.156	.99	.00	.00
	3	6.099E-5	221.454	.01	1.00	1.00

a. 従属変数 身長(cm)

  - > 「固有値」：各次元の固有値。
  - > 「条件指数」：条件指数。目安と 30 より大きい次元の「分散プロパティ」を参照する。
  - > 「分散プロパティ」：同じ次元で大きな比率をとっている独立変数間に多重共線性があると判断する。

まとめ

- 回帰分析で正しい結果を得るには，データがさまざまな前提条件を満たす必要がある。それらをチェックすることを回帰診断という。
- 線形性のチェックには ① と ② の散布図が用いられる。
- 正規性や分散均一性のチェックには ③ や ④ といったグラフや正規性の検定が用いられる。
- 多重共線性のチェックには ⑤ や ⑥ といった指標が用いられる。

練習問題 (データ 年収調査.sav)

① 「金融資産」を従属変数，「年齢」「勤続年数」を独立変数とする回帰分析をしよう。
② ①について回帰診断しよう。
③ 前提条件を満たさないものがあれば対処して再分析しよう。

16章 一般線形モデル
t 検定，分散分析，回帰分析を統合する

16-1　目的：各分析手法を直線モデルとして捉える

　本書では，t 検定（8章），分散分析（9・10章），回帰分析（13・14章）を学んできました。古典的な統計学では，これらを別々の手法として扱ってきました。しかし，これらはいずれも独立変数と従属変数が直線関係のモデルで表し，その誤差が独立に等分散の正規分布に従うことを仮定する，という同じ原理に従った分析手法として捉えることができます。ここから，これらの分析を同一のフレームワークに統合した分析手法が**一般線形モデル**▶です（図 16.1）。

▶ **一般線形モデル**（general linear model）なので頭文字をとって **GLM** ともいいます。SPSSのように，訳語として「線形」ではなく「線型」を使うこともあります。**一般化線形モデル**（generalized linear model）というよく似た別の用語がありますが，これはもっと広いフレームワークを指しますので注意してください。

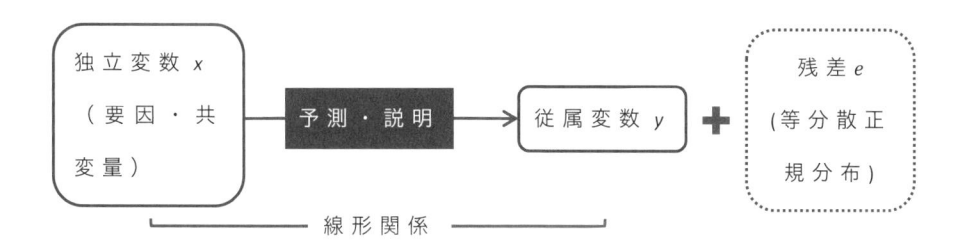

```
独立変数 x         ┌─────┐         残差 e
（要因・共  ──→  │予測・説明│ ──→  従属変数 y  ＋  （等分散正
変量）             └─────┘                        規分布）
        └──────── 線形関係 ────────┘
```

図 16.1　一般線形モデルのイメージ

　多元配置分散分析（10章）で使ったように，SPSSでは［一般線型モデル］というメニューが用意されています。実はこのメニューから上記の分析手法をすべて実行することができます（図 16.2）。

16章

図16.2 [一般線型モデル]で実行できる主な分析手法

16-2 考え方

16-2-1 回帰分析で考える

一般線形モデルは，t 検定や分散分析の回帰分析的アプローチといえます。たとえば要因が 2 グループの t 検定▶は，ダミー変数 X_1 を 1 つだけ投入した以下の単回帰モデルで表すことが可能です。

▶2水準からなる要因の分散分析と考えてもOKです。

$$y = b_0 + b_1 X_1 + e$$

分析の結果 $\hat{y} = b_0 + b_1 X_1$ という直線が求まりますが，ダミー変数のため $X_1 = 0$ のとき $\hat{y} = b_0$，$X_1 = 1$ のとき $\hat{y} = b_0 + b_1$ という 2 式で解釈することができます（図16.3）。

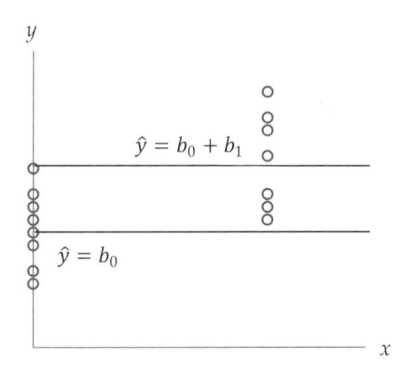

図16.3 t 検定と回帰分析

最小二乗法で求めるとb_0は$X_1=0$グループの平均値，b_0+b_1は$X_1=1$グループの平均値になり，回帰係数b_1は各グループの平均値の差ということになります。母集団において「回帰係数＝0」を検討する検定は，「平均値の差＝0」を検討するt検定と同じものと考えられます。

同様に，より複雑な分散分析もダミー変数やその交互作用項を複数投入した重回帰分析と考えることができます。

16-2-2　共分散分析

従来の分散分析では，独立変数はグループを分ける質的変数に限られていました。しかし，コントロールしたい量的変数がある場合はどうしたらいいでしょうか。一般線形モデルは回帰分析の拡張ですから，量的変数も区別しないで投入することができます。分散分析の文脈ではこれを**共分散分析**といいます。分散分析の目的は要因の効果を検定することでしたが，共分散分析の目的も従属変数に影響を与える量的変数をコントロールして，より精密に要因の効果を検定することです。このとき量的変数を**共変量**といいます。

▶共分散分析(analysis of covariance)の頭文字をとって**ANCOVA**ともいいます。

14章でダミー変数X_1と量的変数x_2を両方独立変数として投入した以下のような重回帰モデルを例示しましたが，共分散分析はまさにそれと同じものです。

$$y = b_0 + b_1 X_1 + b_2 x_2 + e$$

共変量の有無を比較してみましょう。ダミー変数X_1のみの単回帰分析では直線$\hat{y}=b_0+b_1 X_1$，共変量x_2を追加した重回帰分析では直線$\hat{y}=b_0+b_1 X_1+b_2 x_2$が求められました。ダミー変数は0/1しかとりませんので，結局，共変量なしのモデルでは水平な直線，共変量ありのモデルでは傾きのある直線が2本ずつ求められます（図16.4）。

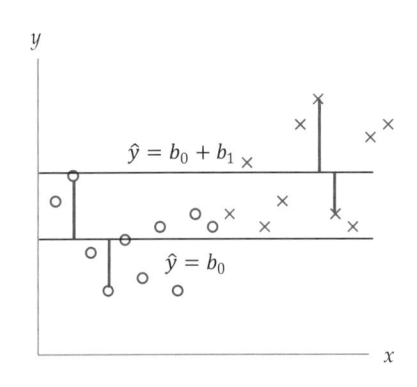

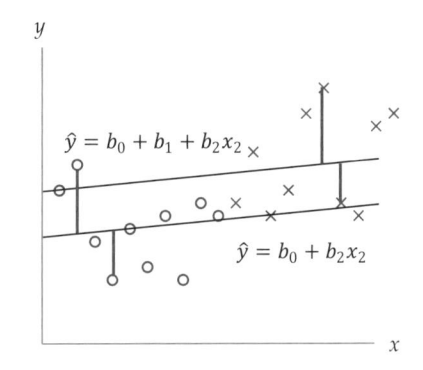

(a) 共変量なし　　　　　　　(b) 共変量あり

注）$X_1 = 0$ グループを○，$X_1 = 1$ グループを×で表記。

図 16.4　共変量とグループ内平方和

　共変量がない場合のグループ内平方和は平均値とのズレ＝偏差を用いましたが（図16.4(a)），共変量がある場合は回帰直線とのズレ＝残差を用います（図16.4(b)）。これが，共変量のコントロールの意味するところです。
　以上のように一般線形モデルの枠組みでは，分散分析系の手法をいずれも回帰分析の特殊ケースとして扱うことができます▶。

▶数理に関しては小野寺・菱村（2005）や Rutherford（2001）などを参照。

16-3　SPSS の手順（データ 年収調査.sav）

① ［分析］—［一般線型モデル］—［1 変量］
② 従属変数を［従属変数］，独立変数のうち質的変数▶を［固定因子］，量的変数を［共変量］ボックスに投入。

▶［固定因子］に投入した変数は SPSS が自動でダミー変数化してくれます。その場合，最大値が基準カテゴリ 0 として処理されます。

16-3 SPSS の手順

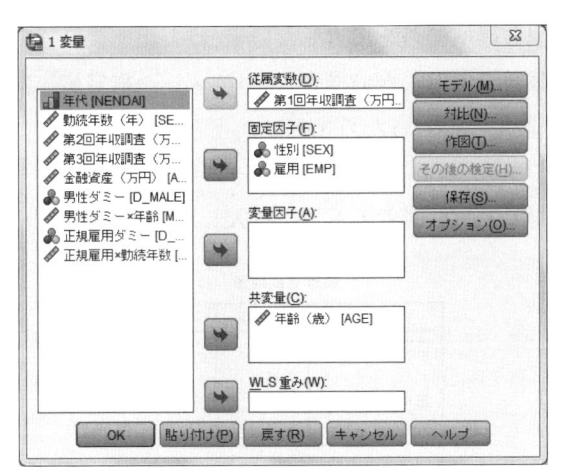

[変量因子] に変数を入れると**一般線形混合モデル**という，より柔軟な分析が可能になります。

③ モデル をクリックし，必要に応じて以下を設定して 続行

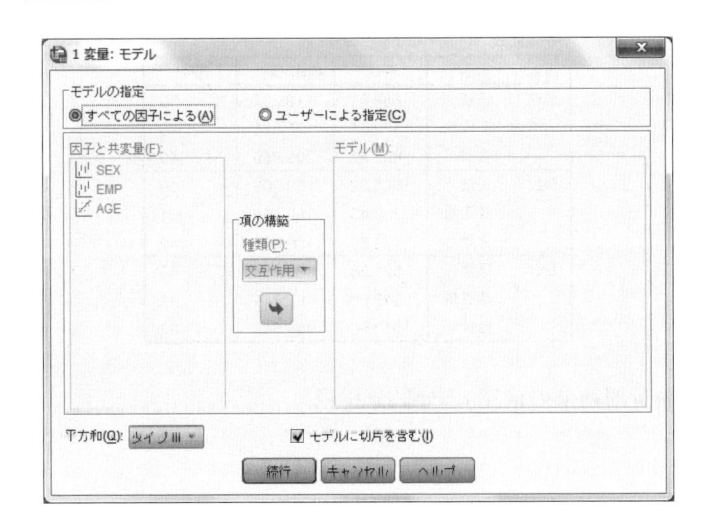

➤ （投入する変数を指定したい場合▶）［ユーザーによる指定］をクリックし，［因子と共変量］からモデルに組み込みたい変数，［種類］から形式を選び，［モデル］ボックスに投入。

④ オプション をクリックし，必要に応じて以下を設定して 続行

▶デフォルトでは，［共変量］+［固定因子］の主効果+［固定因子］の交互作用というモデルが構築されます。交互作用項なしのモデルや［共変量］との交互作用項を組み込んだモデルを分析したい場合にこの機能を使います。

> （平均値と標準偏差を出力したい場合）［記述統計］にチェック。
> （回帰係数を出力したい場合）［パラメータ推定値］にチェック。

⑤ 必要な設定が終わったら OK

- 「被験者間因子」：［固定因子］に投入した変数の各値の度数。

被験者間因子

		値ラベル	度数
性別	1	男性	40
	2	女性	40
雇用	1	正規	49
	2	非正規	31

- 「記述統計」：オプション で［記述統計］にチェックすると出力される。

記述統計

従属変数: 第1回年収調査（万円）

性別	雇用	平均	標準 偏差	度数
男性	正規	684.01	170.337	30
	非正規	362.01	75.521	10
	合計	603.51	206.955	40
女性	正規	523.02	153.906	19
	非正規	333.45	100.464	21
	合計	423.50	159.058	40
合計	正規	621.58	180.813	49
	非正規	342.66	92.864	31
	合計	513.50	204.542	80

▶多元配置分散分析と同様です（10章参照）。

- 「被験者間効果の検定」：分散分析表▶。

被験者間効果の検定

従属変数: 第1回年収調査（万円）

ソース	タイプIII 平方和	自由度	平均平方	F値	有意確率
修正モデル	2150559.74[a]	4	537639.934	34.924	.000
切片	343252.198	1	343252.198	22.297	.000
AGE	366387.992	1	366387.992	23.800	.000
SEX	216744.858	1	216744.858	14.079	.000
EMP	847491.989	1	847491.989	55.051	.000
SEX * EMP	5479.951	1	5479.951	.356	.553
誤差	1154591.909	75	15394.559		
総和	24399821.48	80			
修正総和	3305151.645	79			

a. R2乗 = .651 (調整済み R2乗 = .632)

共変量と主効果が0.1%水準で有意，交互作用は非有意と判断できます。

- 「パラメータ推定値」：オプション で［パラメータ推定値］にチェックすると出力される。「B」が「0^a」になっている独立変数は，ダミー変数化で0とコーディングされたカテゴリである。

▶回帰分析と同様です（13章参照）。ただし標準偏回帰係数は出力されません。

パラメータ推定値

従属変数: 第1回年収調査（万円）

パラメータ	B	標準誤差	t値	有意確率	95% 信頼区間 下限	95% 信頼区間 上限
切片	78.673	58.826	1.337	.185	-38.513	195.860
AGE	6.229	1.277	4.879	.000	3.685	8.772
[SEX=1]	94.608	49.557	1.909	.060	-4.113	193.330
[SEX=2]	0^a	.	.	.	.	.
[EMP=1]	207.986	39.466	5.270	.000	129.366	286.607
[EMP=2]	0^a	.	.	.	.	.
[SEX=1] * [EMP=1]	37.610	63.037	.597	.553	-87.967	163.187
[SEX=1] * [EMP=2]	0^a	.	.	.	.	.
[SEX=2] * [EMP=1]	0^a	.	.	.	.	.
[SEX=2] * [EMP=2]	0^a	.	.	.	.	.

a. このパラメータは，冗長なために0に設定されます。

$\hat{y} = 78.673 + 6.229 x_1 + 94.608 X_2 + 207.986 X_3 + 37.610 X_2 X_3$ という回帰直線が求められたことになります。ここで x_1 は年齢，X_2 は男性ダミー，X_3 は正規ダミー，$X_2 X_3$ は男性×正規の交互作用項です。

16-4　前提条件

　t 検定（8 章），分散分析（9・10 章），回帰分析（13・14 章）と同様です。各章の前提条件を参照してください。また診断方法は 15 章を参照してください。

16-5　レポート・論文での示し方

　現状では一般線形モデルによる分析も t 検定，分散分析，共分散分析，回帰分析と表現されることが多いので，各章の提示例を参照してください▶。上記出力は，「被験者間効果の検定」を共分散分析として提示することも，「パラメータ推定量」を重回帰分析として提示することもできます。

▶将来的にはすべて一般線形モデルと呼ばれることになるかもしれません。

まとめ

- 一般線形モデルは独立変数と従属変数を ① 関係で表し，誤差が独立に ② 分布に従うことを仮定した回帰分析的なアプローチである。以下のように既存の分析手法を含む。
- t 検定： ③ を1つ投入した単回帰分析。
- 一元配置分散分析： ③ を複数投入した重回帰分析。
- 多元配置分散分析：複数の ③ とそれらの ④ を投入した重回帰分析。
- 共分散分析： ③ と ⑤ を投入した重回帰分析。

練習問題 (データ 年収調査.sav)

① 「第1回年収調査」を従属変数，「性別」「雇用」を［固定因子］，「年齢」を［共変量］とした前掲の一般線形モデルに「年齢」×「雇用」という交互作用項を追加してみよう。

② 決定係数や回帰係数を比較して前掲のモデルと①のモデルのどちらがいいか検討しよう。

17章 主成分分析と因子分析
多くの量的変数を少数にまとめる

17-1 主成分分析と因子分析

主成分分析▶と**因子分析**▶とは，よく使われるとともにしばしば混同される分析手法です。どちらも独立変数と従属変数の区別がなく，複数の量的変数間の共分散や相関の情報をもとに多数の変数を要約・説明する新しい変数を合成，あるいは抽出するための分析手法です。また，それらの新しい変数を保存することで，他の多変量解析で利用することもしばしば行われることも共通点です。

しかしこれら2つの分析手法は，基本的な発想が決定的に異なっています。図17.1で四角で囲った変数は，調査や実験で測定された変数で，**観測変数**といいます。一方，楕円で表した変数は，調査で直接測定したのではなく，主成分分析や因子分析によって見つけられる**潜在変数**で，それぞれ**主成分**，および**因子**と呼ばれています。

▶PCA（principal component analysis の頭文字）と表すこともあります。
▶FA（Factor Analysis の頭文字）と表すこともあります。

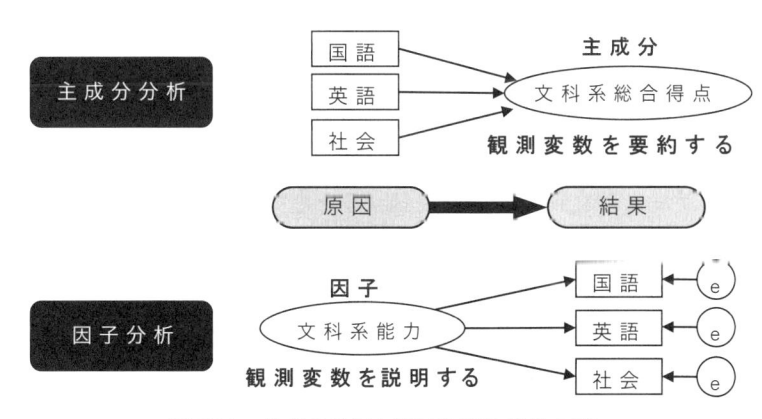

図17.1 主成分分析と因子分析の発想の違い

17章

　2つの手法は主成分，あるいは因子と観測変数との因果関係を逆に考えています。主成分分析は観測変数を一種の総合得点に＜要約する＞ことが主目的であるのに対して，因子分析は観測変数を分解して直接測定できない潜在変数（＝因子）を抽出し，それによって観測変数を＜説明する＞ことをねらいとしています。

17-2　主成分分析

17-2-1　目的：合成変数による要約

　主成分分析の目的は複数の観測変数から合成変数を作ることです。その際，観測変数にそれぞれ適切な大きさのウェイトをつけて加算した重みつき合計点を考え，これを**主成分**と呼んでいます。観測変数の合成変数なので，各ケースについて**主成分得点**が計算されます。

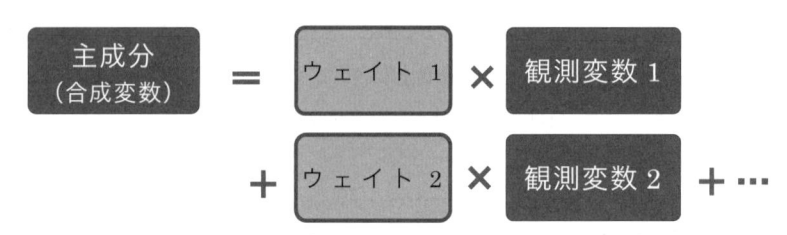

図 17.2　主成分分析による変数要約のイメージ

例　各ケースの文科系学力の散らばりを把握したいときに個別科目を各々見ていくのではなく，それらを「文科系総合得点」といった合成変数で要約することを考えます。すぐに思いつくのは各科目の点数の単純合計ですが，各科目の平均点や分散が違うでしょうし，科目同士の類似性も異なるので重みつき合計点を考えます▶。

▶たとえば，ある2科目の点数分布の相関が高い場合，単純加算をすると文科系学力の似たような側面をダブルカウントしていることになります。

このときウェイトの大きさについて妥当な数値を計算するのですが，主成分分析ではその計算の根拠として各変数の分散や共分散，あるいは相関係数といった情報を用います。

17-2-2　新しい数値軸と値の散らばり

　主成分のイメージは，回帰分析のように各ケースの分布を説明するように引いた直線の軸です（図17.3）。各ケースの分布にあてはまりの良い軸の引き方として，各点からこの軸に下ろした垂線▶の距離の総計が最も小さくなるように考えます（図3a, b）。

▶回帰分析では y 軸に平行な線を引きましたが，主成分分析では独立変数や従属変数という考え方はないので垂線を下ろしています。

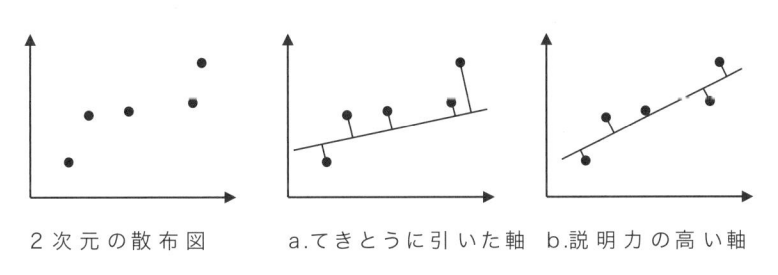

２次元の散布図　　a.てきとうに引いた軸　　b.説明力の高い軸

図17.3　散布図と主成分

　この軸＝主成分に対して各ケースの点から垂線を下ろし，その交点について主成分の軸方向の座標を決めれば，各ケースの主成分の大小関係を表す主成分得点になります。図17.3a と b の各ケースの点から軸に下ろした垂線との交点を軸上に▲印で示した図17.4をみると，あてはまりのよい図17.4b では元の各データから軸へ下ろした垂線の交点（主成分得点）の散らばりが大きくなっています。つまり主成分を求める計算では，主成分の分散が最大になるようにすればよいということになります。

17章

a. てきとうに引いた軸
（散らばりが小さい）

b. 説明力の高い軸
（散らばりが大きい）

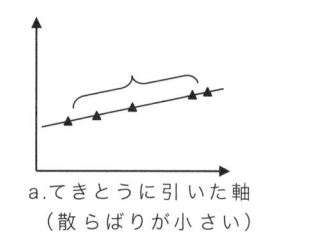

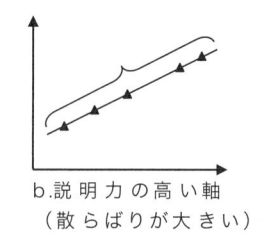

図 17.4　主成分スコアの散らばり

とはいえ，複数の観測変数を1つの合成変数に要約すると元の観測変数の散らばりの情報が失われてしまいます。また，そもそも異質な観測変数同士を1つの合成変数にまとめられないこともあります。したがって観測変数の散らばりを**第1主成分**だけで十分要約できないとき，第2・第3の主成分が作られる▶ことがあります。

▶第1主成分に直交する無数の直線の中で，もっとも散らばりが大きい軸を第2主成分とします。また第3主成分も同様にして作り得ますが，これは第1・第2主成分と各々直交する軸として決まります。

▶ただしSPSSで求められる主成分得点は平均0，分散1に標準化されるので，実際のウェイトは固有ベクトルとは異なります。

17-2-3　主成分分析の概念

先述のように主成分の分散を最大にするよう，主成分の個数分のウェイトの組（**固有ベクトル**）を求めます。ウェイトが決まれば合成変数のスコア＝主成分得点が個々のケースについて求められます▶。

主成分の分散を**固有値**といい，これが大きいほど観測変数の散らばりの情報を多く持っていることになります。また，固有値によって固有ベクトルを調整した**主成分負荷量**を計算することで，もとの変数と主成分との関係の強さを読みとることができます。

各固有値の総和は各主成分得点の分散の総和ですが，これは各変数の分散の総和でもあります。したがって，ある主成分の固有値を固有値の総和で割った**寄与率**は，分析に投入した観測変数の散らばりに対する各主成分の説明力を示すことになります。また，第1主成分からある主成分までの寄与率を積算した**累積寄与率**は，それらが元の観測変数の散らばりをどれほど説明したかを意味します。

17-3　因子分析

17-3-1　目的：潜在変数で観測変数を分解・説明する

　因子分析の目的は，複数の観測変数に共通して影響を及ぼしている潜在変数＝**共通因子**▶を考え，さらにその観測変数にだけ影響を及ぼす固有の潜在変数である**独自因子**をも加えて観測変数のなりたちを説明することにあります。観測変数を共通因子と独自因子に要因分解するのが因子分析の基本的な発想です。共通因子にそれぞれウェイトをつけた重みつき合計点を観測変数と考えます。

▶あるいは，単に**因子**ともいいます。

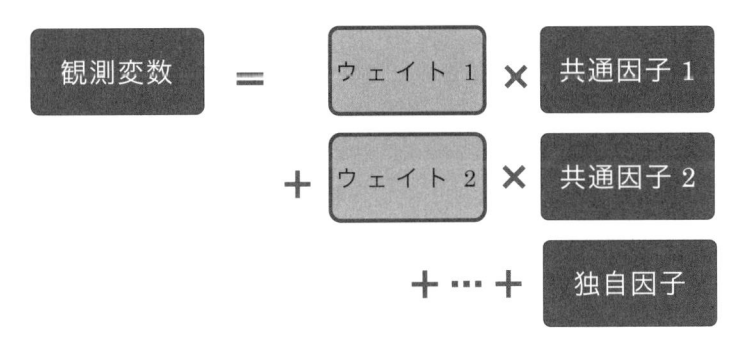

観測変数 ＝ ウェイト1 × 共通因子1
　　　　＋ ウェイト2 × 共通因子2
　　　　＋ … ＋ 独自因子

図 17.5　因子分析における要因分解のイメージ

> 例　国語・英語・社会のテストの点数にそれぞれ相関があるとき，これらの共通因子として「人文科学的能力」や「社会科学的能力」を考えます。このとき3科目それぞれに，共通因子では説明されない科目固有の能力を独自因子として想定します。

17-3-2　因子分析の基本的な考え方

　前項で例として挙げた観測変数（テストの点数）の要因分解を，主成分分析と同様のルールで図解すると以下のようになります。

17章

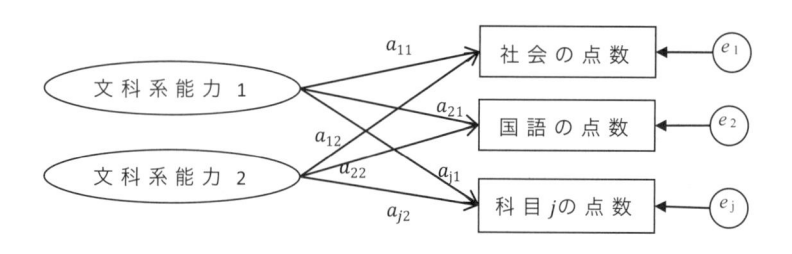

```
                        a_{11}    ┌─────────┐    ┌─┐
        ╭─────────╮ ────────────→ │社会の点数│ ← │e_1│
        │文科系能力1│               └─────────┘    └─┘
        ╰─────────╯    a_{21}     ┌─────────┐    ┌─┐
              ╲╱     ────────────→│国語の点数│ ← │e_2│
              ╱╲  a_{12}          └─────────┘    └─┘
        ╭─────────╮ a_{22}  a_{j1}┌─────────┐    ┌─┐
        │文科系能力2│─────────────→│科目jの点数│ ← │e_j│
        ╰─────────╯    a_{j2}     └─────────┘    └─┘
```

図 17.6　観測変数を共通因子と独自因子に分解する例

社会の点数 $= a_{11} \times$ 文科系能力 $1 + a_{12} \times$ 文科系能力 $2 +$ 社会固有の能力
国語の点数 $= a_{21} \times$ 文科系能力 $1 + a_{22} \times$ 文科系能力 $2 +$ 国語固有の能力

　個々のケースが因子についてスコア（**因子得点**）を持っていると考えますので，これを計算▸して新しい変数として扱うことができます。また因子に掛けられるウェイト $a_{11}, a_{12}, a_{21}, a_{22}$ を**因子負荷量**といいます▸。

　ここまでは，観測変数がどのような因子に分解されるか分かっているという前提で説明しました。しかし一般的には，どのような因子がいくつあるのかが先験的にわからないため，因子分析で行うべきことは主に次の2点です▸。

① 観測変数を説明する因子（潜在変数）を見つけること。
② 因子と観測変数との関係から，因子の意味を解釈すること。

17-3-3　因子分析の概念

　ある観測変数 j について，その値の散らばりを共通因子の組で説明できる割合を**共通性**（h_j^2）といいます。たとえば，この値が 0.56 であればその観測変数の分散の 56% が因子によって説明されます。これは，その観測変数に対する共通因子のウェイトの平方和に等しく，たとえば図 17.6 では $h_1^2 = a_{11}^2 + a_{21}^2$ で計算できます。また1から共通性を引いたものを**独自性**（u_j^2）と呼び，独自因子が説明している割合を示します▸。

　次に，全測定変数の散らばりに関してそれぞれの因子が説明している量を**因子寄与**といいます。主成分分析における固有値に近い概念です▸。

▸因子得点はいずれも標準化（平均0，標準偏差1）されています。
▸または**因子パターン**といいます。

▸このような因子分析を**探索的因子分析**と呼びます。単に因子分析と単に言うときには探索的因子分析を指します。

▸因子分析の考え方として観測変数のなりたちを共通因子と独自因子に分解したので，$h_j^2 + u_j^2 = 1$ とおいています。
▸ただし因子分析における固有値とは軸の回転（4.4節）をする前のもので，回転後の因子が説明する観測変数の分散が因子寄与です。

また，すべての因子が説明する観測変数の分散のうち，各因子が説明している割合が**寄与率**です▶。

▶ただし後述する斜交回転をした場合には,寄与率の計算はできません。

17-4　主成分分析と因子分析の流れ

　主成分分析と因子分析は，分析のステップに関してはかなり似通っています。次の分析ステップごとに説明します。

① 分析に用いる観測変数を指定する。
② 抽出する主成分／因子の数を決める。
③ （因子分析のみ）因子の抽出法を決める。
④ （因子分析のみ）因子軸の回転方法を選択する。
⑤ 主成分／因子がどのような意味を持つか解釈する。

17-4-1 分析の条件

　主成分分析・因子分析においても，観測変数をやみくもに投入するのではなく，きちんと吟味して投入するようにしましょう。

① **量的変数であること**　ただしLikert尺度として得た態度項目など順序尺度も量的変数と考えて投入できます。
② **正規分布から著しく外れていないこと**　正規分布していると思われる場合でも，値の分布が変域の両端に著しく偏ると▶，因子の抽出法によっては不安定な結果になることがあります。
③ **共通因子によって説明する意義があること**　たとえば，年齢を観測変数として投入することは不適切ということになります。
④ **変数同士の関係が直線的であること**　分散 - 共分散行列や相関係数行列から主成分／共通因子を抽出するからです▶。
⑤ **欠損値処理が適切になされていること**　9や99といった欠損値がそのままデータの数値として認識されてしまうと分析上好ましくありません。
⑥ **値の大小の向きを揃える**　Likert尺度を用いる場合，観測変数の値の大小をすべて揃える▶と，負荷量から主成分や因子の意味を解

▶値の分布が変域の上端に偏ることを天井効果,下端に偏ることをフロア効果といいます。

▶この条件が満たされない場合は，必要に応じて事前に変数変換などをしておきます。

▶たとえば,数値が大きいほど肯定の意思が強い，など。

釈しやすくなります。

17-4-2　主成分／因子数の決め方

　主成分は原理的には観測変数の個数分求めることができますが，分析目的上，なるべく少数にまとめます。累積寄与率が60％〜70％に至るまでの主成分を採用したりするなどの目安を設けます▶。

▶社会調査データでは各変数の相関が低くなりがちであるので基準を緩めることもあります。

　因子分析では，因子の数が少なすぎると因子の意味がはっきりしなくなりますが，多すぎても各々の意味を把握しづらくなります。以下は，主成分分析・因子分析で共通の，抽出個数を決める基準です。

① **最小の固有値を指定する方法**　固有値とは主成分や回転前の因子が持つ説明力でした。あまり説明力のない主成分や因子を出してもしかたがないので，この最小値（多くの場合，1）を指定します▶。

▶Guttman-Kaiser（ガットマン・カイザー）基準といいます。

② **スクリープロットを見て決める方法**　固有値は第1主成分／第1因子が一番大きく，以降は順に小さくなっていきます。因子を横軸，固有値を縦軸として折れ線グラフ（スクリープロット）を描くと，最初は大きく降下して徐々に緩やかなカーブで降下します。なだらかなカーブになる因子からは認めないとする基準です。

③ **主成分・因子の数を固定する方法**　分析に先立って主成分や因子の数に理論的，あるいは経験的な根拠がある場合，あるいは先の2つの基準では多くの主成分や因子ができてしまって解釈に限界がある場合にこの方法を用います▶。

▶因子分析でスクリープロットから採用すべき個数を判断したときは，その個数をこの方法で指定してもう一度因子分析を行います。

17-4-3　主成分／因子の抽出方法を決める

　主成分分析の場合は理論的に1つの抽出方法に決まりますが，因子分析では複数の抽出方法があります。かつては主因子法がよく使われていましたが，近年は最尤法や一般化最小二乗法がより優れているとして論文等で使われることが多くなっています▶。最尤法は観測変数の正規性を前提としていますが，一般化最小二乗法はこの点について最尤法よりも頑健です。なお因子分析を実行する場合，SPSSでの抽出方法に「主成分

▶ただし，これらはサンプルサイズが小さいときなどうまく計算できない場合があるので，その場合は主因子法を使うなどします。

分析」を選ぶ理由はありません。

17-4-4　軸の回転

因子分析の場合のみ行います。軸の回転とは，因子負荷量で観測変数を散布図にプロットしたときに座標軸となる因子の軸を，原点を中心にして回転させることです。このとき，観測変数が軸の近くに配置されるようにします。

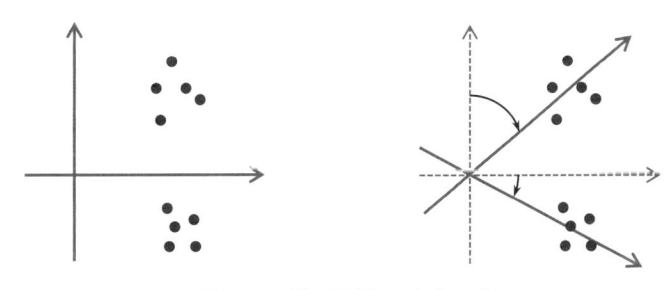

図 17.7　軸の回転のイメージ

回転前の初期解では，第1因子がいずれの観測変数からも関係が強くなるように計算されています。このままでは第1因子はすべての観測変数に関係が強く，第2因子はどれにも関係が弱そうです（図 17.7 左）。しかし軸を回転させ，ある観測変数がひとつの因子とのみ関係が強くなるような状態（**単純構造**）に近づければ，各因子がどのような意味を持つのか解釈しやすくなります（図 17.7 右）。

また，因子軸の回転には**直交回転**と**斜交回転**があります。前者は因子軸同士の直交を保ったまま回転することで，言いかえれば「各因子同士が無相関である」という強い仮定を置いていることになります。それに対して後者はそのような仮定を外して回転させることであり，因子間の相関を許容することになります。

直交回転には，**バリマックス回転**のように原理が理解しやすく古くから使われているポピュラーな方法があります。しかし分析の実際的な意

味を考えるとき，すべての因子同士にまったく相関がないという仮定は少々不自然ということで，近年は斜交回転もよく用いられるようになっています。斜交回転では軸の配置が自由で単純構造を得やすいことから，因子の解釈がしやすくなります。斜交回転の中では，確実に収束しかつ計算が速いという点でプロマックス回転が多くの論文で使われています▶。

17-4-5　主成分と因子の解釈

　主成分は測定変数の合成変数ですが，複数の主成分ができたときには主成分負荷量を見て解釈を加えると理解の助けになります▶。ただし各主成分は無相関なので，それぞれ無関係な意味を与えなければなりません。

　因子分析では，観測変数がどのような因子に分解されるのか分析してみるまではわかりませんので，因子負荷量を見ながら意味を解釈し，理解を助けるために名前をつけたりします。また，軸の回転によって明確に因子の意味を解釈できるようになりますが，3因子を抽出した際のはじめの2因子と，抽出因子数を2つと固定したときの2因子とは異なる▶ので，因子の抽出条件を変えながら分析を進めるときには注意しましょう。

▶軸の回転では，観測変数の位置関係は変わっていません。要は観測変数をうまく説明できるような因子の意味づけを定めるためです。

▶ただし主成分分析はできるだけ第1主成分に多くの情報を込めようとするので，第2主成分以下の意味を解釈するのは必ずしも簡単ではありません。

▶3因子空間の場合と2因子空間の場合では，はじめの2つの因子の因子負荷量は回転後では異なるためです。主成分分析では,3つまでの主成分を計算したときのはじめの2つの主成分と,はじめから2つの主成分だけを計算した場合の2つの主成分とは等しくなっています。

17-5　SPSSでの手順　(データ 消費意識調査.sav)

①　［分析］－［次元分解］－［因子分析］
②　ダイアログボックス左の変数リストから分析に投入する観測変数を選択して［変数］ボックスに入れる。

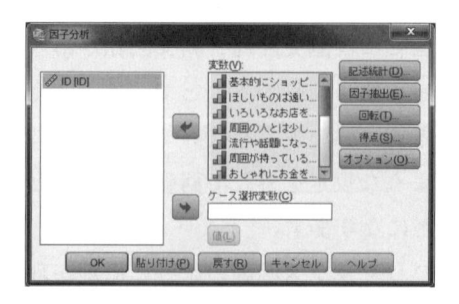

③ 記述統計 ボタンをクリックし，観測変数の記述統計や相関行列の出力などを指定。主成分分析・因子分析を行うのに適したデータかどうかを確かめるため［KMO と Bartlett▶の球面性検定］にチェックし，続行ボタンをクリック。

▶Bartlett（バートレット）。

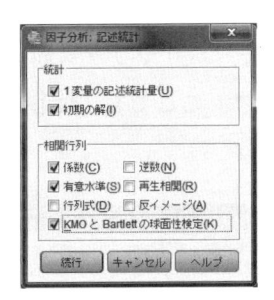

④ 因子抽出 ボタンをクリックし，抽出方法を選ぶ。

> **主成分分析**では，［方法］で「主成分分析」を指定。投入する観測変数の測定単位が同じではない場合，［分析］で「相関行列」を選ぶ▶。
> **因子分析**では，［方法］で「最尤法」「一般化した最小二乗法」「主因子法」などを選ぶ。主成分分析は選ばない。
> ［表示］では，［回転のない因子解］と［スクリープロット］ともにチェックを入れる。
> ［収束のための最大反復回数］ではデフォルトが25回になっているが，サンプルサイズや因子数によってはこれでは少ないときも

▶各変数を標準化してから分析を行うのと同じです。測定単位がすべて同じである場合は「分散共分散行列」を選べばよいのですが，各変数の分散が大きく異なるとその影響を受けますので，同じ結果が導かれるわけではありません。

17章

あるので 100 〜 200 くらいに増やす。

⑤ ［抽出の基準］では通常「最小の固有値」を選び固有値の値を 1 にするが，抽出する個数をあらかじめ固定するならば「因子数」を選んで求める主成分／因子の数を入力する。→ 続行

⑥ **因子分析の場合のみ**，回転 ボタンをクリックして軸の回転方法を指定。直交回転では［バリマックス回転］，斜交回転では［プロマックス回転］など▶。ここでも［収束のための最大反復回数］の値を大きくして 続行

▶プロマックス回転でのカッパ値はデフォルトの 4 が経験的によいとされています。

⑦ 得点 ボタンをクリックすると開く［因子得点］ダイアログボックスでは，主成分得点や因子得点を新変数としてデータセットに追加したいとき［変数として保存］にチェック▶。［方法］は回帰法のままでよい。→ 続行

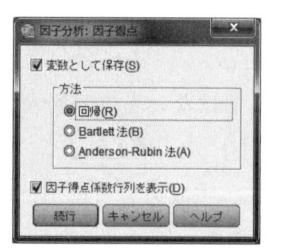

▶［因子得点係数行列を表示］にチェックを入れておくと，後の出力によって主成分得点や因子得点を計算する際のウェイトが出力されます。

⑧ オプション ボタンをクリックして［サイズによる並び替え］にチェックすると主成分負荷／因子負荷の出力で絶対値の高い順に観測変数が並び替えられるので解釈に便利。→ 続行

17-5 SPSSでの手順

最初のダイアログボックスに戻り OK をクリックすると，主成分分析が実行され，分析結果が出力される。

- 事前に出力を指定していれば［記述統計］の表に分析に投入した観測変数の平均値・標準偏差とケース数が，［相関行列］の表で相関係数行列が表示される。

- ［KMO および Bartlett の検定］で，Kaiser-Meyer-Olkin ▶ の測度が 0.5 以上であれば OK ▶。Bartlett 検定については $p<.05$ などの基準で有意であればよい。

▶Kaiser-Meyer-Olkin（カイザー・メイヤー・オルキン）。

▶ただし，0.5〜0.6 程度では悲惨なレベル，0.6〜0.7 なら可も不可もなし，0.7〜0.8 以上ならまあまあ，0.8 以上ならとてもよいとされています。

KMO および Bartlett の検定

Kaiser-Meyer-Olkin の標本妥当性の測度		.825
Bartlett の球面性検定	近似カイ2乗	3168.971
	自由度	153
	有意確率	.000

- ［共通性］の表は，因子分析の場合のみ重要。各観測変数の分散のうち，抽出された因子の組で説明された部分を表す。このとき，「因子抽出後」の共通性があまりに小さい（0.1 未満など）観測変数は分析から除外することを考慮する ▶。

▶たとえば 0.1 を下回る場合，いずれの因子にも $\sqrt{0.1}$ ≒0.32 未満の負荷量しか持っていないからです。

17章

共通性

	初期	因子抽出後
基本的にショッピングが好き	.554	.659
ほしいものは遠いところでも買いに行く	.304	.433
いろいろなお店を見てまわるのが好き	.594	.825
周囲の人とは少し違った個性的なものを選ぶ	.245	.298
流行や話題になっている商品を選ぶ	.434	.514
周囲が持っている商品を持っていないと気になる	.373	.461

- ［説明された分散の合計］では，主成分分析でも因子分析でも，「抽出後の負荷量平方和」の欄に表示されている数値の行数が，抽出された主成分／因子の個数である▶。

▶もちろんこれは「因子抽出」で指定した基準に従っています。抽出する主成分／因子の数を再考する場合は，「初期の固有値」の「合計」欄に表示された数値を見ます。

説明された分散の合計

	初期の固有値			抽出後の負荷量平方和		
成分	合計	分散の %	累積 %	合計	分散の %	累積 %
1	4.772	26.509	26.509	4.772	26.509	26.509
2	2.025	11.248	37.757	2.025	11.248	37.757
3	1.551	8.615	46.372	1.551	8.615	46.372
4	1.343	7.459	53.831	1.343	7.459	53.831
5	1.071	5.952	59.784	1.071	5.952	59.784
6	.895	4.970	64.754			
7	.811	4.505	69.259			
8	.744	4.131	73.390			
9	.679	3.770	77.160			
10	.649	3.608	80.768			

- ➤ 主成分分析の場合，「抽出後の負荷量平方和」パネルの「合計」欄に各主成分の固有値が，「分散の％」で寄与率が，「累積％」で累積寄与率が示されている。

説明された分散の合計

	初期の固有値			抽出後の負荷量平方和			回転後の負荷量平方和		
因子	合計	分散の %	累積 %	合計	分散の %	累積 %	合計	分散の %	累積 %
1	4.772	26.509	26.509	4.294	23.857	23.857	2.599	14.441	14.441
2	2.025	11.248	37.757	1.395	7.748	31.606	2.095	11.641	26.081
3	1.551	8.615	46.372	1.222	6.791	38.397	1.375	7.638	33.719
4	1.343	7.459	53.831	.847	4.703	43.100	1.196	6.646	40.365
5	1.071	5.952	59.784	.598	3.322	46.422	1.090	6.057	46.422
6	.895	4.970	64.754						
7	.811	4.505	69.259						

17-5 SPSSでの手順

説明された分散の合計

因子	初期の固有値 合計	初期の固有値 分散の%	初期の固有値 累積%	抽出後の負荷量平方和 合計	抽出後の負荷量平方和 分散の%	抽出後の負荷量平方和 累積%	回転後の負荷量平方和[a] 合計
1	4.772	26.509	26.509	4.294	23.857	23.857	3.323
2	2.025	11.248	37.757	1.395	7.748	31.606	3.327
3	1.551	8.615	46.372	1.222	6.791	38.397	1.746
4	1.343	7.459	53.831	.847	4.703	43.100	1.433
5	1.071	5.952	59.784	.598	3.322	46.422	2.520
6	.895	4.970	64.754				
7	.811	4.505	69.259				

> ➢ 因子分析の場合,「回転後の負荷量平方和」を見る。「合計」欄に抽出された各因子の回転後の因子寄与が示されている。直交回転の場合は「分散の%」「累積%」に寄与率と累積寄与率が示されている。斜交回転の場合は寄与率が計算・表示されない▶。

- [因子のスクリープロット] は,主成分／因子の数の決定に一つの参考となる。このグラフで右下がりの傾きが減少する寸前までの主成分／因子を採用すればよい▶。

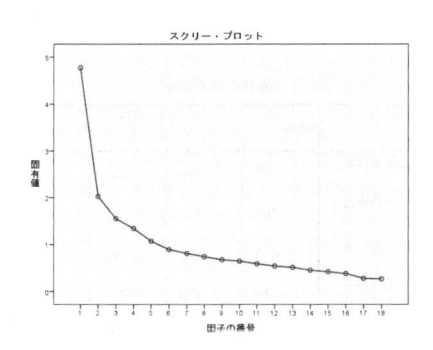

▶因子寄与の最大値が計算できないので寄与率は計算されません。また,斜交回転の場合は因子寄与とは言っても他の因子の影響も含まれてしまっています。

▶傾きが小さくなるということは新たに追加される主成分の説明力が小さくなるということなので,採用すべき主成分であるか否かの判断材料になります。

- 主成分分析の場合,「成分行列」として各観測変数の主成分負荷量が示されている。これは当該主成分と観測変数との相関係数なので,正負の符合と絶対値の大きさに着目して主成分の特徴を解釈する▶。

▶分析時に [オプション] で「サイズによる並べ替え」を指定していれば各主成分の意味を把握しやすくなります。

主成分分析と因子分析

成分行列[a]

	成分				
	1	2	3	4	5
基本的にショッピングが好き	.717	.062	-.264	-.267	-.010
いろいろなお店を見てまわるのが好き	.701	.140	-.428	-.223	-.180
新しい商品が出るとほしくなる	.684	-.411	.159	.217	-.106
流行や話題になっている商品を選ぶ	.661	-.321	.091	.202	-.013
おしゃれにお金をかけるようにしている	.654	.000	.122	-.143	.341
広告を見ると、その商品がほしくなる	.636	-.441	.079	.234	-.052
インテリアや服装の組み合わせを考えて商品を選ぶ	.563	.354	-.031	.006	.493
周囲が持っている商品を持っていないと気になる	.536	-.482	.142	.171	-.040
ほしいものは遠いところでも買いに行く	.491	.058	.107	-.377	-.473
周囲の人とは少し違った	.471	.259	-.039	-.403	.065

- 因子分析では各因子の特徴を負荷量で把握することになるが，出力される数表は直交回転の場合と斜交回転の場合で異なる。直交回転では［回転後の因子行列］に回転後の因子負荷量が表示される。

回転後の因子行列[a]

	因子				
	1	2	3	4	5
新しい商品が出るとほしくなる	.840	.154	.086	.099	.035
広告を見ると、その商品がほしくなる	.782	.153	.042	.017	.070
流行や話題になっている商品を選ぶ	.618	.206	.083	.052	.181
周囲が持っている商品を持っていないと気になる	.611	.120	-.051	.034	.100
性能よりもデザインを重視して商品を選ぶ	.291	.171	-.058	-.150	.282

斜交回転の場合［因子行列］［パターン行列］［構造行列］の3つが出力されるが，このうちパターン行列を見て因子の特徴を解釈する。

17-5 SPSSでの手順

パターン行列

	因子				
	1	2	3	4	5
新しい商品が出るとほしくなる	.886	-.027	.072	.048	-.072
広告を見ると、その商品がほしくなる	.819	-.017	.024	-.034	-.019
周囲が持っている商品を持っていないと気になる	.627	-.014	-.081	-.005	.044
流行や話題になっている商品を選ぶ	.599	.046	.030	-.001	.116
いろいろなお店を見てまわるのが好き	-.037	.923	.070	-.134	-.024
基本的にショッピングが	.046	.672	-.092	.021	.193

- 因子分析のみ，回転方法で最尤法や一般化最小二乗法を選んだときは，その因子数でのモデルの適合度の出力があらわれる[▶]。

▶有意 ($p. < .05$) となった場合はそのモデルがデータに適合していないことになりますが、サンプルサイズが大きい場合は有意になりやすいので参考程度でもかまいません。

適合度検定

カイ2乗	自由度	有意確率
162.885	73	.000

- 因子分析で斜交回転を選んだ場合のみ，因子間が独立という仮定をおかないので「因子相関行列」の表が出力される。

因子相関行列

因子	1	2	3	4	5
1	1.000	.484	.102	.163	.383
2	.484	1.000	.321	.153	.525
3	.102	.321	1.000	.156	.332
4	.163	.153	.156	1.000	.189
5	.383	.525	.332	.189	1.000

因子抽出法: 一般化された最小2乗
回転法: Kaiser の正規化を伴うプロマックス法

- 因子分析で直交回転を選んだ場合のみ「因子変換行列」が出力されるが，回転後の因子行列を掲載する以上は重要ではないので割愛する。
- 主成分分析の場合，「主成分得点係数行列」に観測変数を主成分得点に合成するための係数（ウェイト）が示されている[▶]。

▶SPSSで求められる主成分得点は平均0，分散1に標準化されたもので、この主成分得点係数は前述の固有ベクトルとは異なる。ここで出力される係数は，固有ベクトルを各主成分の固有値の正の平方根（主成分得点の標準偏差に等しい）で割ったものである。

主成分得点係数行列

	成分				
	1	2	3	4	5
基本的にショッピングが好き	.150	.031	-.171	-.199	-.009
ほしいものは遠いところでも買いに行く	.103	.029	.069	-.281	-.441
いろいろなお店を見てまわるのが好き	.147	.069	-.276	-.166	-.168
周囲の人とは少し違った個性的なものを選ぶ	.099	.128	-.025	-.300	.061
流行や話題になっている商品を選ぶ	.139	-.158	.059	.151	-.012

- 因子分析では，因子得点係数行列が因子得点を計算するためのウェイトである。

因子得点係数行列

	因子				
	1	2	3	4	5
基本的にショッピングが好き	.041	.228	-.071	.035	.157
ほしいものは遠いところでも買いに行く	.025	.116	-.005	.161	-.111
いろいろなお店を見てまわるのが好き	.018	.579	.136	-.144	.028
周囲の人とは少し違った個性的なものを選ぶ	-.010	.069	.008	.077	.051
流行や話題になっている商品を選ぶ	.146	.024	.007	-.002	.069
周囲が持っている商品を持っていないと気になる	.138	.008	-.056	-.003	.028
おしゃれにお金をかける	.060	.044	.077	.100	.288

17-6　結果のまとめ方

17-6-1　作表のポイント

　主成分分析・因子分析の結果は多くの数表で出力されるので，レポートや論文等に掲載する際は必要な情報をコンパクトにまとめることが重要です。

- どのような観測変数群を分析対象としたのかわかるような表タイトルをつける。
- 主成分や因子を解釈するための情報として，主成分負荷量／因子

負荷量を数表に掲載する。このとき負荷量の大きい順にソート（並べ替え）してあるとわかりやすい。読者の理解を助ける工夫として，負荷量の絶対値が大きいものを強調する[▶]。

- 因子分析では，各観測変数の共通性（因子の組によって説明される度合）を掲載する。
- 全観測変数の散らばりがどれくらい主成分に縮約された／因子で説明されたのか理解できるように，固有値や因子寄与，その寄与率を掲載する。主成分や直交回転した因子が複数ある場合は累積寄与率の情報も加える。
- 因子分析では，因子抽出や軸の回転についてどの方法を採用したのか表の下欄やレポート・論文本文で明示する。
- 表の下などに，そもそも主成分分析や因子分析にふさわしいデータであるのか，KMO統計量やBartlett検定の結果を記す。

▶具体的には太字で強調したり，数表の該当セルを網掛けしたりします。もちろん理解を助けるための便宜的なもので，必須ではありません。

17-6-2　主成分分析の場合

主成分負荷量を使って，どのような主成分ができたか表示します。

表 17.1　消費態度の主成分分析

		第1主成分	第2主成分	第3主成分	第4主成分	第5主成分
Q1	ショッピング志向	**0.72**	0.06	-0.26	-0.27	-0.01
Q3	多店巡回志向	**0.70**	0.14	**-0.43**	-0.22	-0.18
Q10	新奇志向	**0.68**	**-0.41**	0.16	0.22	-0.11
Q5	流行志向	**0.66**	-0.32	0.09	0.20	-0.01
Q7	おしゃれ志向	**0.65**	0.00	0.12	-0.14	0.34
Q11	広告品志向	**0.64**	**-0.44**	0.08	0.23	-0.05
Q14	コーディネート志向	**0.56**	0.35	-0.03	0.01	**0.49**
Q6	同調志向	**0.54**	**-0.48**	0.14	0.17	-0.04
Q2	商品入手志向	**0.49**	0.06	0.11	-0.38	**-0.47**
Q4	差異化志向	**0.47**	0.26	-0.04	**-0.40**	0.07
Q17	時短志向	-0.39	-0.05	0.37	0.25	0.26
Q18	コストパフォーマンス志向	0.22	**0.60**	0.02	**0.44**	-0.04
Q12	ライフスタイル志向	0.32	**0.56**	0.13	0.14	0.10
Q15	情報収集	0.38	**0.42**	0.05	**0.41**	-0.35
Q8	品質志向	0.25	0.38	**0.65**	-0.24	0.06
Q9	ブランド志向	**0.43**	-0.04	**0.62**	-0.01	-0.05
Q16	セール志向	0.35	0.21	**-0.43**	**0.47**	0.00
Q13	デザイン志向	0.38	-0.26	-0.26	-0.02	**0.48**
	固有値	4.77	2.03	1.55	1.34	1.07
	寄与率（％）	26.5	11.2	8.6	7.5	6
	累積寄与率（％）	26.5	37.8	46.4	53.8	59.8

「成分行列」の出力から貼り付ける

「説明された分散の合計」の「抽出後の負荷量平方和」の数値を用いる（行と列を入れ替える）

　この表の上段パネルでは，各主成分の特徴がわかるように主成分負荷量を掲載し，絶対値が0.4以上のものを太字にしています。下段パネルでは，各固有値が観測変数の散らばりの情報がどれくらい合成変数（主成分）に取り入れられているかを示します。

17-6-3　因子分析の場合

表 17.2　消費態度の因子分析

	I	II	III	IV	V	h^2
Q10　新奇志向	**0.89**	-0.03	0.07	0.05	-0.07	0.76
Q11　広告品志向	**0.82**	-0.02	0.02	-0.03	-0.02	0.67
Q6 　同調志向	**0.63**	-0.01	-0.08	-0.01	0.04	0.46
Q5 　流行志向	**0.60**	0.05	0.03	0.00	0.12	0.51
Q3 　多店巡回志向	-0.04	**0.92**	0.07	-0.13	-0.02	0.83
Q1 　ショッピング志向	0.05	**0.67**	-0.09	0.02	0.19	0.66
Q2 　商品入手志向	0.09	**0.57**	-0.01	0.28	-0.26	0.43
Q17　時短志向	0.01	**-0.45**	0.01	0.10	-0.03	0.27
Q4 　差異化志向	-0.10	**0.40**	0.01	0.18	0.14	0.30
Q18　コストパフォーマンス志向	-0.08	-0.10	**0.66**	0.03	0.08	0.46
Q15　情報収集志向	0.13	0.05	**0.62**	0.06	-0.12	0.45
Q12　ライフスタイル志向	-0.09	0.04	**0.40**	0.20	0.13	0.35
Q16　セール志向	0.10	0.14	**0.39**	-0.31	0.11	0.40
Q8 　品質志向	-0.12	0.02	0.06	**0.75**	0.07	0.61
Q9 　ブランド志向	0.32	-0.11	0.03	**0.49**	0.07	0.43
Q14　コーディネート志向	-0.06	-0.02	0.17	0.05	**0.73**	0.63
Q7 　おしゃれ志向	0.18	0.10	-0.12	0.18	**0.54**	0.54
Q13　デザイン志向	0.24	0.07	-0.13	-0.19	0.29	0.25
因子寄与	3.32	3.33	1.75	1.43	2.52	
因子間相関　I	1.00					
II	0.48	1.00				
III	0.10	0.32	1.00			
IV	0.16	0.15	0.16	1.00		
V	0.38	0.53	0.33	0.19	1.00	

Kaiser-Meyer-Olkin の測度 :.83, Bartlett 検定：$\chi^2(153)=3168.97, p<.001$
一般化最小二乗法による因子抽出，斜交解（プロマックス回転）

- 「回転後の因子行列」あるいは「パターン行列」から負荷量を，「共通性」から共通性を貼り付ける
- 「説明された分散の合計」の「回転後の負荷量平方和」の数値（行と列を入れ替える）
- 「因子間相関行列」の数値（主対角線の上下どちらか）

　この数表は18個の観測変数を投入して一般化最小二乗法によって5因子を抽出，プロマックス回転した分析結果です。

- この数表では因子をローマ数字で記しているのみで，その解釈を記載していない▶。
- 因子負荷量については，直交回転ではSPSS出力の［回転後の因子行列］から，斜交回転では［パターン行列］から数値を転記。この例では分析時に［オプション］で［サイズによる並べ替え］を行っているので各因子の意味を把握しやすくなっている。

▶因子の解釈については本文で必ず言及するので，それが表中の記号と対応していれば問題ありません。数表に十分なスペースがある場合には，数表に因子に付けた名前を書き入れるほうが読み手に対してより親切です。

17章

> ▶因子負荷量で「サイズによる並べ替え」を行っている場合は列挙されている観測変数の順序がずれているので注意しましょう。

- SPSS 出力の［共通性］中の［因子抽出後］から共通性を転記▶。
- 因子寄与も，全観測変数の散らばりに対する因子の説明力として重要なので SPSS 出力「説明された分散の合計」の「回転後の負荷量平方和」から転記して掲載。直交回転の場合は，寄与率や累積寄与率も掲載（この例においては，斜交回転しているので掲載しなかった）。
- 斜交回転を選んだので因子間相関行列を掲載。因子の意味を解釈する際に重要な情報となる▶。

> ▶因子数が 2〜3 のときは，省スペースのためレポート・論文の本文中でのみ言及する場合もあります。

17-7　レポート・論文の本文中で言及すること

① **因子の抽出方法**　主成分分析の場合は必要ありません。因子分析では抽出方法によって得られる因子の特徴や数が変わることがあるので，必ず明記しましょう。たとえば，「因子の抽出には最尤法を用いた」とか「因子負荷量の推定には一般化した最小2乗法を用いた」のように書きます。

② **軸の回転方法**　主成分分析の場合は必要ありません。因子分析では回転方法に必ず言及します。「軸の回転方法はバリマックス回転である」「斜交回転（プロマックス回転）を行った」と表現します。

③ **主成分数／因子数の決定方法**　「固有値 1.0 以上の条件で抽出数を決定した」「スクリープロットによって因子数を決定した」などと表現します。先験的・理論的な理由によって抽出数を固定した場合は，恣意的な操作をしたと思われないよう根拠を書きます。

④ **主成分・因子の解釈と名前**　分析結果から意味を解釈します。理解を助けるために名前をつけ，その理由も書きましょう。

  ➤ 負荷量の絶対値から，どの観測変数と関係が強いのか叙述します。一般に 0.4〜0.6 の値であれば中程度の負荷，0.6 を超えていれば大きい負荷量があるとみなします。因子分析で斜交回転をした場合は因子間相関にも言及しましょう。

  ➤ 主成分分析はできるだけ第1主成分に多くの情報を込めようとす

るので，一般に第1主成分はどの観測変数とも関係が大きくサイズファクターと呼ばれています。第2主成分以下は，それぞれ関係の強い観測変数が異なるので，特徴を読み取って解釈します▶。

▶第2主成分以下をシェイプファクターといいます。各主成分は直交するという仮定があるので，意味を解釈するのは必ずしも簡単ではありません。

➢ 主成分名・因子名の決定理由を「第1因子は○○や××，△△（負荷量の絶対値の大きい観測変数を列挙）との関係が強いため＊＊因子と名付けた」などと書きます。ほとんどの読み手が納得し得るような無難な表現を心がけましょう。

17-8　他の分析手法との連携

　主成分得点や因子得点を変数として保存する指定を行っておくと，データセットに新変数として追加されます▶。ここで保存した主成分得点や因子分析は，重回帰分析など他の多変量解析に投入する変数として使用できます。たとえば，重回帰分析で独立変数間に多重共線性の問題が生じたとき，それらの変数を主成分分析で合成変数にまとめて回帰分析に投入するなどします。

▶これら主成分得点・因子得点は標準化されています。

　ただし，主成分分析に投入する変数が多いと第2主成分以降の解釈が難しくなることがあり，説明要因として用をなさないことがあります。そのようなときには相関が高い少数の変数グループだけでなるべく単一の主成分を作ってから他の分析に投入するのが有用でしょう。

　先述のようにここまでの説明は，各観測変数がいくつの／どのような因子に分解されるか探索していく探索的因子分析を紹介してきました。これに対し，事前に観測変数と因子の関係について何らかの仮説や経験則がある場合，その因子構造をモデル化して分析データに適合するか仮説検証する手法が**確証的因子分析**です。また，この手法で定義した因子を重回帰分析の応用であるパス解析の分析変数として用いるのが，近年よく使われる人気の高い手法である**構造方程式モデリング**です。これらは SPSS の関連ソフトウェアである Amos などのプログラム等を用いて実行します。

まとめ

- 主成分分析は，複数の観測変数から ① 変数を作ることを目的とする。
- 因子分析では，複数の観測変数を説明するような ② 因子や一つの観測変数だけに作用する ③ 因子の存在を想定する。また，これら ② 因子や ③ 因子を観測変数に対比して ④ という。
- 因子分析は，因子の ⑤ 方法や軸の ⑥ 方法によって結果が変わることがあり，注意が必要である。

練習問題 (データ 消費意識調査.sav)

① 消費態度に関わる18項目から，主成分分析を行ってみよう。
② 同じく消費態度に関わる18項目について，因子の抽出方法を最尤法，軸の回転方法をプロマックス回転として因子分析を行い，結果を数表にまとめつつ因子の解釈をしてレポートにまとめてみよう。
③ 同じく消費態度に関わる18項目について因子分析を行い，軸の回転をバリマックス回転とした上で，因子の抽出法を主因子法・最尤法・一般化最小二乗法と変えてみた場合で結果が変わるか検討してみよう。
④ 同じく消費態度に関わる18項目について因子分析を行い，因子の抽出法を最尤法とした上で，軸の回転方法をバリマックス回転・プロマックス回転と変えてみた場合で結果がどのように変わるか検討してみよう。

引用文献

Zeisel, Hans, 1985, *Say It with Figures*, 6th edition, Harper & Row.
（2005, 佐藤郁哉訳『数字で語る——社会統計学入門』, 新曜社.）
American Psychological Association, 2009, *Publication Manual of the American Psychological Association*, 6th ed., American Psychological Association.
Cohen, J., 1988, *Statistical Power Analysis for the Behavioral Sciences*, 2nd ed., Routledge.
Hardy, M. A., 1993, *Regression with Dummy Variables*, Sage.
廣瀬毅士・寺島拓幸, 2010, 『社会調査のための統計データ分析』オーム社.
Jaccard, J., and R. Turrisi, 2003, *Interaction Effects in Multiple Regression*, 2nd ed., Sage.
Morgan, E., T. Reichert and T. R. Harrison, 2002, *From Numbers to Words: Reporting Statistical Results for the Social Sciences*, Allyn & Bacon.
西内啓, 2014, 『統計学が最強の学問である［実践編］』ダイヤモンド社.
大久保街亜・岡田謙介, 2012, 『伝えるための心理統計——効果量・信頼区間・検定力』勁草書房.
小野寺孝義・菱村豊, 2005, 『文科系学生のための新統計学』ナカニシヤ出版.
Bohnstedt, G.W. and David Knoke, 1988, *Statistics for Social Data Analysis*, 2nd edition, F.E Peacock Publisher.（1990, 海野道郎・中村隆監訳『社会統計学』, ハーベスト社.）
Rutherford, A., 2001, *Introducing ANOVA and ANCOVA: A GLM Approach*, Sage.
酒井麻衣子, 2011, 『SPSS完全活用法——データの入力と加工［第3版］』東京図書.
上田拓治, 2009, 『44の例題で学ぶ統計的検定と推定の解き方』オーム社.
山田剛史・村井潤一郎, 2004, 『よくわかる心理統計』ミネルヴァ書房.
山内光哉, 2008, 『心理・教育のための分散分析と多重比較——エクセル・SPSS解説付き』サイエンス社.
永田靖・吉田道弘, 1997, 『統計的多重比較法の基礎』サイエンティスト社.

索　引

■ 欧文 ──

Box-Cox（ボックス-コックス）
　変換　　　　　　　　　70
Breusch_Pagan（ブルーシュ-
　ペイガン）検定　　　227
Brown-Forsythe（ブラウン-
　フォーサイス）検定　140
Cramér（クラメール）の V
　　　　　　　　　　　110
Fisher（フィッシャー）の直接
　確率法　　　　　　　106
Levene（ルビーン）検定　121
Mauchly（モークリー）の検定
　　　　　　　　　　　165
Pearson（ピアソン）の χ^2 統計
　量　　　　　　　　　104
Pearson の積率相関係数　177
Spearman（スピアマン）の順
　位相関係数　　　　　182
Welch（ウェルチ）の t 検定
　　　　　　　　　　　121
White（ホワイト）検定　227
Yates（イェーツ）の連続性補正
　　　　　　　　　　　106

■ あ行 ──

ε 修正　　　　　　　　165

一元配置　　　　　　　132
一元配置分散分析　　　132
1 標本の t 検定　　　　 97
一般線形モデル　　　　237
因子　　　　　　　　　247
因子寄与　　　　　　　252
因子得点　　　　　　　252
因子パターン　　　　　252
因子負荷量　　　　　　252
因子分析　　　　　　　247
F 比　　　　　　　　　136
F 分布　　　　　　　　 86
エラボレイション　　　 35
オッズ　　　　　　　　109
オッズ比　　　　　　　108

■ か行 ──

回帰係数　　　　　　　193
回帰診断　　　　　　　221
回帰直線　　　　　　　192
回帰分析　　　　　　　191
階級　　　　　　　　　 56
χ^2 検定　　　　　　　101
χ^2 分布　　　　　　　 86
外挿　　　　　　　　　199
確証的因子分析　　　　269
撹乱項　　　　　　　　191

確率分布　　　　　　　 83
確率変数　　　　　　　 83
下限値　　　　　　　　 89
型　　　　　　　　　　 17
片側検定　　　　　　　 94
加法性　　　　　　　　221
頑健性　　　　　　　　123
完全関連　　　　　　　108
観測セル度数　　　　　102
観測値　　　　　　　2, 192
観測変数　　　　　　　247
ガンマ係数　　　　　　110
関連係数　　　　　　　101
棄却域　　　　　　　　 91
擬似相関　　　　　　　180
記述統計学　　　　　　 82
記述統計量　　　　　　 47
基準カテゴリ　　　　　214
期待セル度数　　　　　102
期待値　　　　　　　　 2
基本統計量　　　　　　 47
帰無仮説　　　　　　　 91
行周辺度数　　　　　　 33
共通因子　　　　　　　251
共通性　　　　　　　　252
行パーセント　　　　　 34
共分散　　　　　　　　176

共分散分析	239	残差平方和	193	推測統計学	82
行変数	32	算術平均	47	正規 P-P プロット	226
共変量	239	散布図	175	正規性	95
許容度（トレランス）	229	散布図行列	222	正規分布	53
寄与率	196, 253	散布度	47	正の相関	178
区間推定	87	サンプリング	81	切片	193
クロス表	31	サンプリング誤差	82	セル	33
クロス表分析	101	サンプル	81	セル度数	33
ケース	1	サンプルサイズ	83	0 次相関	187
欠損値	19	事後の検定	137	潜在変数	247
欠損値指定	20	システム欠損値	20	尖度	55
検定統計量	87	四分位範囲	54	相関行列	185
検定力	96	四分位偏差	54	相関係数	175
効果サイズ	96	尺度	3	相対度数	28
効果の大きさ	96	斜交回転	255	総度数	28, 34
効果量	96	重回帰式	206		
交互作用項	215	重回帰分析	205	■ た行 ──	
交互作用効果	147	従属変数	132, 192	第 1 四分位数	54
構造方程式モデリング	269	自由度調整済み決定係数	208	第 1 主成分	250
コーディング	2	主効果	147	第 1 種の誤り	96
コード	2	主成分	247	対応のある標本	122
コードブック	2, 19	主成分負荷量	250	対応のない標本	122
誤差（項）	191	主成分分析	247	第 3 四分位数	54
固有値	250	主対角	108	対照群	119
固有ベクトル	250	条件指数	229	対数オッズ	109
コントロール	181	上限値	89	対数変換	70
		小数桁数	17	第 2 種の誤り	96
■ さ行 ──		処理群	119	代表値	47
最小二乗法	193	シンタックスエディタ	10	タイプ 1 エラー	95
最大関連	108	信頼区間	88	タイプ 2 エラー	95
最頻値	48	信頼水準	88	対立仮説	91
残差	193	水準	132	多元配置分散分析	147

索引

多重回答	40
多重共線性	212, 229
多重クロス表	35
多重検定	137
多重比較	137
多変量分散分析	166
ダミー・コーディング	213
ダミー変数	3
単回帰分析	205
単純構造	255
単純集計	27
単純集計表	27
単純主効果	151
単相関	187
値	2
中央値	48
中心極限定理	84
直交回転	255
値ラベル	18
t 検定	119
t 分布	85
定数	1
データエディタ	8
データクリーニング	44
データビュー	16
適合度	196
点推定	87
点双列相関係数	123
統計的仮説検定	87
統計的検定	87
統計的推定	87
統計的独立	102
統制変数	181
等分散性	95
独自因子	251
独自性	252
独立性の検定	101
独立な標本	122
独立変数	192
度数	28
度数分布表	27

■ な行 ──

内挿	199
名前	17
ノンパラメトリック検定	95

■ は行 ──

パーセンタイル	59
配置	18
箱ひげ図	56
はずれ値	49
幅	17
パラメトリック検定	95
バリマックス回転	255
反復測定分散分析	163
被験者内計画	163
ヒストグラム	56
ビューア	9
表側	32
表側項目	32
標準化	63
標準回帰係数	195
標準化係数	195, 207
標準誤差	84
標準正規分布	64, 85
標準得点	63
標準偏差	52
表頭	32
表頭項目	32
標本	81
標本規模	83
標本誤差	82
標本抽出	81
標本統計量	81
ファイ係数	107
プールされた分散	121
負の相関	178
部分相関係数	212
不偏推定量	88
不偏性	88
不偏分散	88
プロマックス回転	256
分位数	57
分割表	31
分散	52
分散拡大要因	229
分散比	136
分散分析	131
分散分析表	142
平均値	47
偏オメガ2乗	152
偏回帰係数	206
偏差積	176
偏差積和	185
偏差平方	52

偏差平方和	185	■や行		リファレンス・カテゴリ	214
変数	1	有意確率	93	両側検定	94
変数ビュー	16	有意水準	89	臨界値	89
変数ラベル	18	有意性検定	87	累積寄与率	250
偏相関係数	183	有効回答	30	累積相対度数	28
母集団	81	有効パーセント	30	累積度数	28
母数	81	ユーザー指定の欠損値	20	列	18
		要因	132	列周辺度数	33
■ま行		要約統計量	47	列変数	32
見せかけの関連	36	予測値	192	ローデータ	2
無作為抽出	83			歪度	55
無相関	178	■ら行			
モデル分析	131	ランダム・サンプリング	83		

■著者紹介

寺島拓幸（てらしまたくゆき）
執筆担当：1, 4 から 6, 8, 10 から 16 章
文京学院大学人間学部／准教授
立教大学大学院社会学研究科博士前期課程修了，同博士後期課程満期退学。
2013 年度より現職。所属先では社会調査士科目のほか，「消費社会論」などを担当している。
専門：経済社会学，消費社会論，計量社会学
主な著書：『SPSS による多変量解析』（共著，オーム社），『社会調査のための統計データ分析』（共著，オーム社），『社会調査の基礎』（共著，弘文堂）

廣瀬毅士（ひろせつよし）
執筆担当：2, 3, 7 から 9, 17 章
駒澤大学グローバル・メディア・スタディーズ・ラボラトリ研究員
慶應義塾大学大学院政策・メディア研究科修士課程修了，北海道大学大学院文学研究科博士課程単位取得退学。
2009 年度より 2014 年度まで立教大学社会情報研究センター助教として研究・教育のほか，社会調査データ・アーカイブの構築，調査にかかわる学内外の受託業務を担当した。
専門：計量社会学，社会調査法，社会階層論，消費社会論
主な著書：『SPSS による多変量解析』（共著，オーム社），『社会計査のための統計データ分析』（共著，オーム社）

●カバーデザイン＝高橋　敦（LONGSCALE）

SPSSによるデータ分析

2015 年 7 月 25 日　第 1 刷発行

Ⓒ Takuyuki Terashima, Tsuyoshi Hirose, 2015
Printed in Japan

著　者　寺島拓幸，廣瀬毅士

発行所　東京図書株式会社
〒 102-0072　東京都千代田区飯田橋 3-11-19
振替 00140-4-13803　電話 03(3288)9461
URL http://www.tokyo-tosho.co.jp

ISBN 978-4-489-02214-2